Hans Edelmann · Klaus Theilsiefje

Optimaler Verbundbetrieb in der elektrischen Energieversorgung

Springer-Verlag
Berlin · Heidelberg · New York 1974

Dr.-Ing. Hans Edelmann
Professor an der TH Darmstadt
und wissenschaftlicher Hauptreferent der Siemens AG, Erlangen

Dr.Ing. Klaus Theilsiefje
Lehrbeauftragter an der TH Darmstadt
Kraftübertragungswerke Rheinfelden, Rheinfelden (Baden)

Mit 58 Abbildungen

ISBN-13: 978-3-540-06263-9 e-ISBN-13: 978-3-642-93015-7
DOI: 10.1007/978-3-642-93015-7

Library of Congress Catalog Card Number 73-78800.

Gesamtherstellung: fotokop wilhelm weihert kg, Darmstadt

Unseren Frauen
Hanni und Gertrud
gewidmet

Vorwort

Die Steuerung der Kraftwerke in einem Verbundsystem der elektrischen Energieversorgung verlangt nicht nur die Berücksichtigung der Wünsche der Abnehmer, sondern gleichermaßen die Minimierung der Kosten für die Erzeugung der elektrischen Energie. Dies ist ein Problem, das ebenso alt ist wie die elektrische Energieversorgung selbst. Daß die hierfür erforderlichen Rechenverfahren lange Zeit nicht weiterentwickelt wurden und der praktische Betrieb damit fast ohne sie arbeiten mußte, lag einerseits am Fehlen geeigneter Rechenhilfsmittel für diese komplizierte Aufgabe, zum anderen an der allgemeinen Ansicht, mit „gesundem Menschenverstand“ und „Ingenieurgefühl“ das Ziel schon erreichen zu können. Es gab zwar zu Anfang der fünfziger Jahre in den USA bereits Rechenschieber, die nach gleichen Zuwachskosten optimierten, und bald danach – zunächst auch wieder dort – Analogrechner, die es sogar gestatteten, die Netzverluste in eine Momentanoptimierung einzubeziehen, doch waren alle diese Lösungen nicht geeignet, eines Tages einen vollautomatischen Betrieb zu gewährleisten.

Eine echte Chance für einen on-line-Betrieb konnte hier nur der Digitalrechner haben. Er hat darüber hinaus aber auch weitere Optimierungsaufgaben der Energieversorgung einer Lösung nähergebracht. So kann man wohl sagen, daß sich für den rein thermischen Verbundbetrieb, auch unter Einbeziehung des Maschineneinsatzes, die Verwendung der auf den Digitalrechner zugeschnittenen Methoden bewährt hat. Auch für den hydrothermischen Verbundbetrieb kommen – zumindest kurz- und mittelfristig – zahlreiche Verfahren mit gutem Erfolg zum Einsatz, desgleichen ebenso für die Energieausbauplanung. Bezüglich der Sicherheit und Zuverlässigkeit der Energieversorgung sind zwar die Begriffe verbal hinreichend gut definiert, doch existieren hinsichtlich der zahlenmäßigen Berechnung und Abschätzung verschiedene Methoden und Meinungen, und es ist fraglich, ob sich eine allgemeine Vereinheitlichung erzielen läßt. Ganz allgemein kann man feststellen, daß bei Aufgaben, die eine größere Problematik beinhalten, alles noch im Fluß ist. Es wäre aber sicher nicht richtig gewesen, diese Dinge in dem vorliegenden Buch einfach auszuklammern.

Es war unser Ziel, einerseits allgemeine und wohl auch für die Zukunft gültige Grundlagen dem Betriebsingenieur und dem planenden Ingenieur in die Hand zu geben, andererseits moderne Methoden zur Lösung der vielfältigen Aufgaben des optimalen Verbundbetriebs in der elektrischen Energieversorgung darzustellen. Hier hat es sich oftmals erwiesen, daß relativ einfache Modelle und Rechenmethoden die gestellten Aufgaben schnell und doch genügend genau zu lösen gestatten. Der Praktiker wird recht bald herausfinden, daß hierbei ein „Präzisionsehrgeiz" unsinnig ist, weil der rechnerische und apparative Aufwand größer ist als der hierdurch eingesparte Kostenanteil. Schließlich sind auch die vorgegebenen Ausgangswerte nur selten von der hierfür erforderlichen Genauigkeit. Dies gilt ganz besonders für statistische Unterlagen und Prognosen. – Im ganzen gesehen soll dieses Buch dem Praktiker die Sichtung der vorhandenen umfangreichen Literatur ersparen und eine brauchbare Auswahl der wichtigsten Methoden anbieten.

Von großem Nutzen war für uns bei der Abfassung des Buches die Möglichkeit, uns im Rahmen unserer Tätigkeit innerhalb der Siemens AG mit den vielfältigen Problemen der Energieversorgung auseinandersetzen zu müssen. Zahlreiche Diskussionen mit Fachkollegen des Hauses Siemens haben ihren Niederschlag gefunden, was an dieser Stelle mit besonderem Dank erwähnt sei. – Unseren Frauen danken wir für die Geduld, die sie mit uns haben mußten, und für die Hilfe bei den Korrekturen; ferner Frau G. Geisler für das Schreiben des Manuskriptes. Dem Springer-Verlag sind wir für die sorgfältige Drucklegung dieses Buches verpflichtet.

Erlangen und Rheinfelden, im Juni 1974

Hans Edelmann
Klaus Theilsiefje

Inhaltsverzeichnis

1. Einleitung

1.1. Bedeutung des Verbundbetriebs

Die elektrische Energie ist in den Mengen, in welchen sie heute in Großkraftwerken erzeugt und in Haushalt und Industrie genutzt wird, nicht beliebig und dann auch nur mit einem schlechten Wirkungsgrad speicherbar. Für eine wirtschaftliche Erzeugung ist es weiterhin erwünscht, daß die elektrische Energie möglichst gleichmäßig von den Kraftwerken an die Verbraucher geliefert wird. Dies zwingt dazu, daß sich möglichst viele Verbraucher zusammenschließen, damit die statistischen Schwankungen, hervorgerufen durch die willkürlichen Ein- und Ausschaltungen der Verbraucher, sich ausgleichen.

Aber auch auf der Erzeugerseite besteht eine Notwendigkeit des Zusammenschlusses der Kraftwerke. Wenn man davon ausgeht, daß Energiespeicher selbst auch wieder nur in Form von Kraftwerken und daher nicht in beliebiger Zahl realisiert werden können, so würde ein plötzlicher Ausfall eines Kraftwerkes ohne Verbundbetrieb mit anderen Kraftwerken zu einem Ausfall der Energielieferung führen, was für den Abnehmer untragbar ist. Durch den Zusammenschluß in einem Verbundbetrieb besteht andererseits die Möglichkeit, daß sich Kraftwerke gegenseitig aushelfen und auch in Situationen eines Spitzenbedarfs die Reservehaltung erleichtert wird. Tritt ein plötzlicher Mehrbedarf an Leistung auf, so muß dieser meist lokale Bedarf nicht mehr von einem einzelnen Kraftwerk übernommen werden, sondern er kann dann auf mehrere Kraftwerke aufgeteilt werden. Hinzu kommen noch Transportprobleme: Wasserkraft muß an Ort und Stelle erzeugt werden. Auch die Braunkohle wird in der Regel da verbrannt, wo sie gewonnen wird. Selbst bei Steinkohlenkraftwerken und sogar bei Kernkraftwerken ist man nicht völlig freizügig in der Standortwahl. Der Verbundbetrieb ist also schon von der Planung her eine Notwendigkeit.

Ist das Netz bereits zusammengeschlossen, so ergeben sich noch weitere wirtschaftliche Vorteile, wenn man ein möglichst großes Gebiet in die Betrachtung des wirtschaftlich optimalen Betriebes einbezieht. Denn es gilt der Grundsatz, daß die Summe der Kosten für ein optimal betriebenes Gesamtgebiet in der Regel kleiner, niemals aber größer ist als die Summe der Kosten für optimal betriebene Teilgebiete, wobei die Übergabeleistungen dieser Teilgebiete untereinander einer gewissen Willkür unterliegen. Diese Übergabeleistungen stellen dann unnötige Nebenbedingungen dar, die in der Regel zu höheren Gesamtkosten führen. Nach dieser Theorie könnte das in die Optimierung einbezogene Gebiet gar nicht groß genug sein. Doch hat auch dies seine Grenzen, nämlich da, wo der hierfür erforderliche Mehraufwand an Kommunikationsmitteln die wirtschaftlichen Vorteile der Gesamtoptimierung übertrifft. In einem zentral gelenkten Großenergieversorgungsunternehmen gäbe es auch keinen Wettbewerb.

Es sollte allerdings nicht verschwiegen werden, daß durch den Zusammenschluß von Netzen auch Nachteile entstehen können. Störungen in einem Netzteil können sich auch ungünstig auf andere Netzteile auswirken, was sogar zu Kettenreaktionen und schließlich zu einem Zusammenbruch des gesamten Netzes führen kann. Hier ist es notwendig, die Schutzeinrichtungen richtig einzustellen und genügend Leistungsreserven bereitzuhalten. Ferner kann das Anwachsen der Kurzschlußleistung zu einem Problem werden. Auch hier gibt es Lösungen um diese Frage zu beherrschen. Schließlich kann in sehr ausgedehnten Drehstromnetzen die Stabilität gefährdet sein. Im ganzen gesehen lassen sich aber alle diese ungünstigen Einflüsse beherrschen.

Zusammenfassend darf man wohl sagen, daß der Verbundbetrieb eine betriebliche und zugleich auch ökonomische Notwendigkeit ist. Für die Praxis wird es darüber hinaus immer eine wichtige Aufgabe sein, sowohl die Planung als auch den Betrieb eines Energiesystems ökonomisch zu betreiben. Ökonomisch heißt aber, daß die Gesamtkosten der Betriebsmittel möglichst klein sind. Ein solcher Betrieb soll optimaler Verbundbetrieb genannt und dabei angenommen werden, daß das Verbundnetz mit seinen Kraftwerken vorher optimal geplant ist.

1.2. Planung und optimaler Betrieb der Energieversorgung

Aus der Forderung nach ökonomischer Betriebsweise eines Energieversorgungsunternehmens entstehen zwei Aufgabenstellungen:

a) die optimale Gestaltung des Netzes mit seinen Kraftwerken (optimale Ausbauplanung);

b) der eigentlich optimale Verbundbetrieb.

In der ersten Aufgabe handelt es sich um die Planung von Investitionen aufgrund von Prognosen, den Kosten der Betriebsmittel und geographischen und wirtschaftlichen Gegebenheiten des betreffenden Landes. Hierbei werden auch künftige Betriebszustände simuliert, die, um eine einwandfreie Vergleichsbasis zu erhalten, selbst wieder optimal sein müssen. In der zweiten Aufgabe wird davon ausgegangen, daß das Netz mit seinen Kraftwerken bereits vorhanden bzw. konzipiert ist. Es sind dann unter den gegebenen Verhältnissen in Abhängigkeit von den zeitlich abhängigen Belastungsfunktionen der Verbraucher die in den gegebenen Grenzen frei wählbaren Parameter (Wirk-, Blindleistungseinspeisungen, Transformator-Übersetzungsverhältnisse usw.) so zu bestimmen, daß über einen gegebenen Zeitraum ein Minimum an Gesamtkosten entsteht. Je größer der betrachtete Zeitraum ist (hydrothermischer Verbundbetrieb mit Speicherkraftwerken), umso mehr muß man sich auch hierbei auf Prognosen stützen.

Die Unsicherheit der einzusetzenden Prognosen sowohl im Falle der Ausbauplanung als auch im Falle eines optimalen Verbundbetriebs gibt mit wachsenden Zeiträumen den gewonnenen Aussagen eine entsprechende Unschärfe. Es wird sich also niemals deterministisch beweisen lassen, daß die Planungs- und Betriebsoptimierungen exakt sind. Wohl aber läßt sich eine statistische Aussage derart machen, daß man bei einer Vielzahl von Planungen aufgrund von Statistiken aus der Vergangenheit und aufgrund gut fundierter Prognosen zu günstigeren Ergebnissen kommt, als in Planungen, denen solche Unterlagen nicht zugrundegelegt werden, wo also der Zufall oder „ein gewisses Ingenieurgefühl" entscheidet. Das gleiche gilt sinngemäß auch für einen optimalen Verbundbetrieb über längere Zeiträume.

Der optimale Verbundbetrieb über kurze Zeiträume, insbesondere die Momentanoptimierung kennt diese Problematik nicht. In diesem Bereich gibt es wirklich unanfechtbare Lösungen. Der Einsatz von Wasserkraftwerken mit Speichern, wie auch die optimale Maschinenauswahl bei thermischen Kraftwerken und eventuell die Übernahme von Leistung aus fremden Energieversorgungsunternehmen müssen dann allerdings vorher festgelegt sein.

2. Thermischer Verbundbetrieb

2.1. Kostenkurven thermischer Kraftwerke

2.1.1. Allgemeine Zusammenhänge [123]

In jedem thermischen Kraftwerk gibt es einen Zusammenhang zwischen der ins Netz gespeisten Wirkleistung und den hierfür aufzuwendenden stündlichen Brennstoffkosten. Selbstverständlich ist diese Abhängigkeit nicht die einzige, sondern es sind die Brennstoffkosten außerdem abhängig von der Kühlwassertemperatur, dem Brennstoffpreis, der Brennstoffart und -qualität, der Rückkühlart und mehr. Relevant sind diese übrigen Einflußgrößen aber nur, wenn sie sich relativ schnell mit der Zeit ändern und die Abhängigkeit stark ist. In der Praxis ist dies normalerweise nicht der Fall, so daß man sie gegebenenfalls als Parameter auffassen kann, die von Zeit zu Zeit angepaßt werden müssen.

Wichtig ist zunächst der stündliche Wärmeverbrauch einer Kraftwerkseinheit in Abhängigkeit der abgegebenen elektrischen Nettoleistung:

$$Q = A_{el} \cdot \frac{P}{\eta_{ges}(P)} . \qquad (2.1-1)$$

Darin bedeuten A_{el} das elektrische Wärmeäquivalent und η_{ges} den Gesamtwirkungsgrad der Anlage, der sich als Produkt aus allen Teilwirkungsgraden ergibt:

$$\eta_{ges} = \eta_K \, \eta_R \, \eta_T \, \eta_G \, \eta_E \; . \qquad (2.1-2)$$

(Indizes: K = Kessel, R = Rohrleitung, T = Turbine, G = Generator, E = Eigenbedarf). Den prinzipiellen Verlauf einer solchen Funktion zeigt Bild 2.1–1.

Mit dem Wärmepreis p multipliziert ergibt die Wärmeverbrauchsfunktion (2.1–1) die stündlichen Brennstoffkosten in Abhängigkeit der Wirkleistung:

$$K = p \, Q(P) \; . \qquad (2.1-3)$$

In der Praxis des Lastverteilerbetriebs wird mit drei verschiedenen Kostenkurven gearbeitet, zwischen denen aber Zusammenhänge bestehen, die hier kurz aufgezeigt werden sollen.

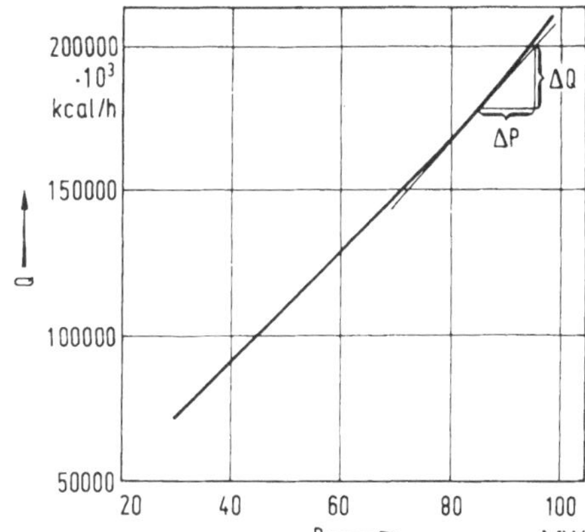

Abb. 2.1–1: Absoluter Wärmeverbrauch Q eines thermischen Maschinensatzes, abhängig von der Leistung P

Wenn

$$K = F(P) \tag{2.1–4}$$

die sogenannte Absolutkostenkurve eines Kraftwerksblockes wiedergibt, dann ist

$$k = \frac{1}{P} \cdot F(P) \tag{2.1–5}$$

die spezifische Kostenfunktion. Während (2.1–4) aussagt, welche gesamten Brennstoffkosten pro Betriebsstunde für jede Leistung auftreten und damit eine monoton steigende Funktion sein muß, liefert (2.1–5) die Kosten jeder erzeugten kWh für jede gefahrene Leistung. Diese Kurve (Bild 2.1–2) ist normalerweise im unteren Leistungsbereich einer Anlage fallend und steigt oberhalb des Optimalpunktes wieder an, sie ist also konvex. Als dritte Kurvenart tritt die sogenannte Zuwachskostenkurve oder differentielle Kostenkurve auf. Diese Funktion entsteht durch Differentiation der Absolutkostenkurve

$$\frac{dK}{dP} = K' = F'(P) = f(P)\,. \tag{2.1–6}$$

Sie ist für die Berechnung des optimalen Verbundbetriebs die wichtigste. Sie soll darum hier etwas näher beleuchtet werden, vor allem im Hinblick auf ihre Beziehungen zu den übrigen beiden. Zunächst wird die Berechnung der Zuwachskostenkurve beschrieben, denn die Differentiation von (2.1–4) ist in der Praxis meist schwer durchführbar, wenn man eine gute Genauigkeit erreichen will. Bessere Ergebnisse erzielt man, wenn man hierbei von (2.1–5) ausgeht, und diese differenziert. Man erhält dann

$$f(P) = Pk' + k\,. \tag{2.1–7}$$

Da k normalerweise stärkere Krümmungen aufweist als K, läßt sich k wesentlich präziser differenzieren. Bild 2.1–2 zeigt dieses deutlich.

Aus (2.1–7) erkennt man sofort, daß an der Stelle, wo k ein Minimum erreicht, d.h. im Optimalpunkt einer Anlage, spezifische Kosten und Zuwachskosten einander gleich sind, denn dort gilt $k' = 0$.

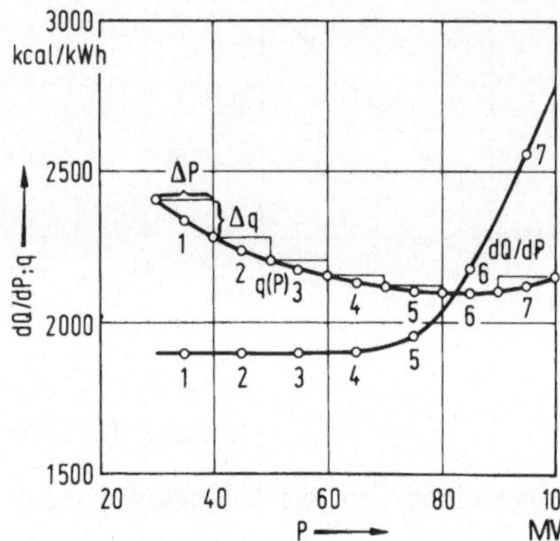

Abb. 2.1–2: Spezifischer Wärmeverbrauch dQ/dP eines 100-MW-Turbosatzes und daraus berechneter Zuwachswärmeverbrauch

Wie verlaufen die Zuwachskostenkurven in der Umgebung des Optimalpunktes? Um dieses festzustellen, differenzieren wir (2.1–7) nochmals nach P und erhalten

$$f'(P) = Pk'' + 2k' . \tag{2.1–8}$$

Wir wissen, daß k' im Minimum von k verschwinden muß und k'' aufgrund des konvexen Verlaufs von k immer positiv ist. Daraus folgt, daß die Zuwachskosten in der Umgebung des tiefsten Punktes von k steigend sind, also mit positiver Steigung durch das Minimum von k laufen. Für kleinere Werte von P sind die Zuwachskosten immer kleiner und für größere Werte von P immer größer als die spezifischen Kosten.

2.1.2. Abhängigkeit der Kostenkurven von der Betriebsart

Turbosätze werden auf zweierlei Weise betrieben, einmal im sogenannten Gleitdruckbetrieb und zum anderen bei konstantem Druck mit Hilfe der Düsengruppendrosselung. Beim Gleitdruckbetrieb werden die Ventile vollkommen offen oder höchstens leicht angedrosselt gehalten und die Leistung über den Kesseldruck geregelt. Man vermeidet hierdurch zwar die Drosselverluste und erreicht einen besseren Wirkungsgrad, nimmt aber gleichzeitig eine größere Trägheit bei Leistungsänderungen in Kauf. Die Kostenkurven sind beim Gleitdruckbetrieb gewöhnlich von einer Form, wie sie

Bild 2.1–2 zeigt. Dagegen haben Kostenkurven bei Düsengruppensteuerung etwa einen Verlauf entsprechend Bild 2.1–3 [117].

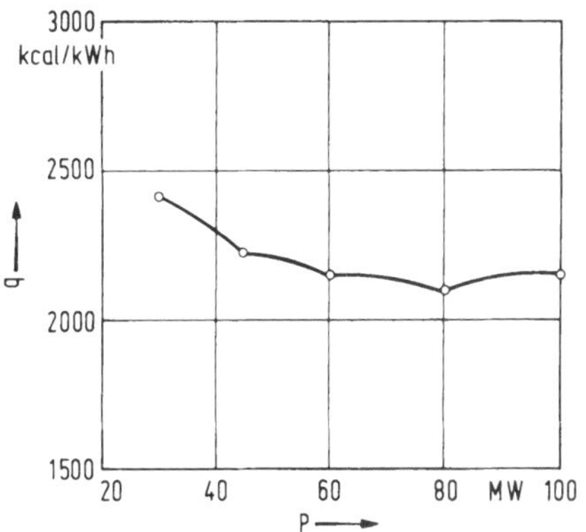

Abb. 2.1–3: Prinzipieller Verlauf einer spezifischen Wärmeverbrauchskurve eines düsengruppengesteuerten Kraftwerksblockes. Die Konvexität der Kurve ist durch die Drosselverluste stark gestört.

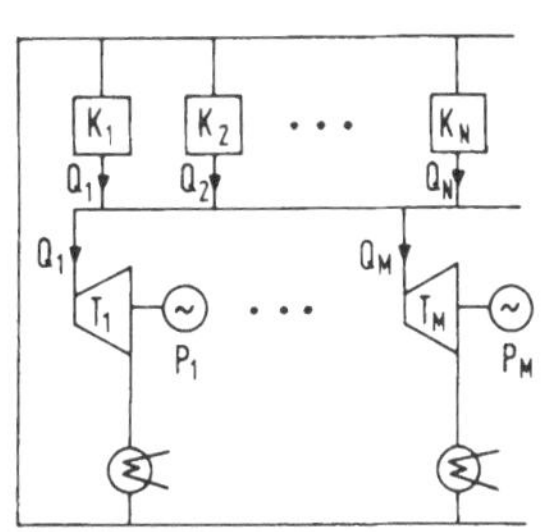

Abb. 2.1–4: Prinzipschema eines Dampfsammelschienenkraftwerks

Man sieht im Bild 2.1–3 sehr deutlich, daß die Drosselverluste die Konvexität der Kostenkurven bei Düsengruppensteuerung sehr stark stören. Für die Berechnung der optimalen Lastverteilung bedeutet dies, daß die Lösung nicht mehr eindeutig bleibt. Man kann in einem solchen Fall eine Eindeutigkeit nur künstlich durch eine konvexe Approximation der Kostenkurve erzielen, anderenfalls ist man gezwungen, für die Optimierung Verfahren anzuwenden, welche die Eindeutigkeit der Lösung nicht fordern (Abschn. 2.7). Dies trifft vor allem bei der Momentanoptimierung zu, während es bei langfristigen Optimierungen meist genügt, mit den erwähnten Approximationen zu arbeiten.

2.1.3. Kostenkurven von Dampfsammelschienenkraftwerken

Viele – vor allem ältere – Kraftwerke bestehen nicht aus einer Anzahl in sich abgeschlossener Kraftwerksblöcke, sondern die Anzahl der Kessel und der Turbosätze ist verschieden, und es kann der Dampf eines jeden Kessels jedem Turbosatz zugeführt werden (Bild 2.1–4). Bei solchen Anlagen lassen sich keine eindeutigen Kostenfunktionen für die einzelnen angeschlossenen Turbosätze angeben, da die Kosten der Energieerzeugung davon abhängen, welche Kessel den Dampf liefern. In bezug auf die Zusammenarbeit mit weiteren Kraftwerken im Verbundbetrieb kann man das Problem aber dadurch lösen, daß man für jede abgebbare elektrische Nettoleistung eine interne Betriebsoptimierung durchführt. Auf diese Weise erhält man eine Ersatzkostenkurve für das gesamte Dampfsammelschienenkraftwerk. Es ist hierbei aber zu beachten, daß für jede aller möglichen Kombinationen von Kesseln und Turbosätzen eine solche Ersatzkostenkurve zu berechnen ist.

Bei einer solchen internen Betriebsoptimierung sind die folgenden Forderungen und Bedingungen zu erfüllen:

a) Es ist der Dampf an der Dampfsammelschiene für jede geforderte Gesamtdampfmenge bei geringsten Kosten bereitzustellen:

$$\sum_{n=1}^{N} K_n (Q_n) = \mathrm{Min}\,, \tag{2.1–9}$$

$$\sum_{n=1}^{N} Q_n - \sum_{m=1}^{M} Q_m = 0\,. \tag{2.1–10}$$

b) Es ist für jede Gesamtnettoleistung des Kraftwerkes die Verteilung dieser Leistung auf die einzelnen Turbosätze so vorzunehmen, daß sie in der Summe ein Minimum an Dampf verbrauchen:

$$\sum_{m=1}^{M} P_m (Q_m) = \mathrm{Min}\,, \tag{2.1–11}$$

$$\sum_{m=1}^{M} P_m - P = 0\,. \tag{2.1–12}$$

Die Bedingungen (2.1–9) bis (2.1–12) stellen zwei miteinander gekoppelte Minimierungsaufgaben dar. Jede der beiden Aufgaben hat jeweils eine Gleichungsnebenbedingung, welche mit der zugehörigen Hauptforderung wieder durch einen Lagrange-Multiplikator verbunden werden kann:

$$\sum_{n=1}^{N} K_n (Q_n) - \lambda_1 \left(\sum_{n=1}^{N} Q_n - \sum_{m=1}^{M} Q_m \right) = \mathrm{Min}\,, \tag{2.1–13}$$

$$\sum_{m=1}^{M} Q_m (P_m) - \lambda_2 \left(\sum_{m=1}^{M} P_m - P \right) = \mathrm{Min}\,. \tag{2.1–14}$$

Als System notwendiger Bedingungen für ein internes Betriebsoptimum erhält man auch hier durch die partiellen Ableitungen nach den unabhängigen Veränderlichen Q_n bzw. P_m die beiden nichtlinearen Gleichungssysteme

$$\frac{dK_n}{dQ_n} - \lambda_1 = 0\,, \tag{2.1–15}$$

$$\sum_{n=1}^{N} Q_n = \sum_{m=1}^{M} Q_m \,, \tag{2.1-16}$$

$$\frac{d\,Q_m}{d\,P_m} - \lambda_2 = 0, \tag{2.1-17}$$

$$\sum_{m=1}^{M} P_m = P\,. \tag{2.1-18}$$

2.1.4. Kostenkurven bei Wärme-Kraft-Kupplung

Anlagen mit Wärme-Kraft-Kupplung gehören zu den Mehrzweckanlagen. Sie liefern neben der elektrischen Energie Dampf verschiedener Qualität oder Warmwasser für Heizungszwecke. Eine Anlage dieser Art in allgemeiner Form zeigt Bild 2.1–5. Dort speist eine Reihe von N Kesseln auf eine

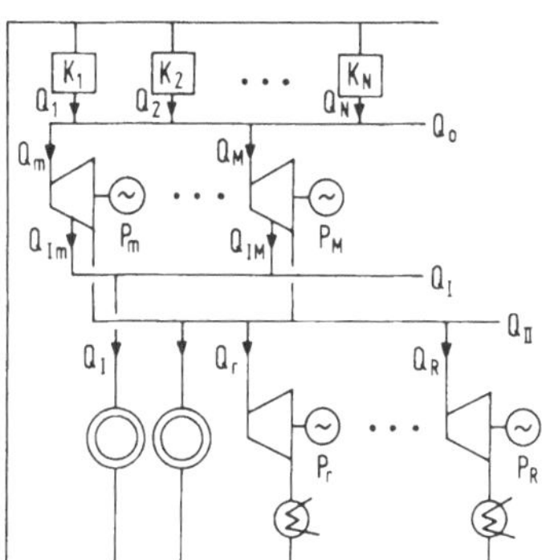

Abb. 2.1–5: Prinzipschema einer Wärme-Kraft-Kupplung mit Gegendruck- und Niederdruckkondensationsturbinen

Dampfsammelschiene, an welche M Gegendruck-Entnahmeturbinen angeschlossen sind. Der Entnahmedampf wiederum wird in einer weiteren Dampfsammelschiene Q_I und der Gegendruckdampf in einer dritten Schiene Q_{II} zusammengefaßt. An die Schiene Q_I ist ein Wärmeverbraucher, z.B. ein Industriewerk, über einen Wärmetauscher angeschlossen. Die Dampfsammelschiene Q_{II} speist einmal ebenfalls einen Wärmeverbraucher über einen Wärmetauscher und zum anderen eine Reihe von Kondensationsturbinen.

Im Hinblick auf ein mathematisches Modell einer solchen Anlage zur Optimierung der Arbeitskosten läßt sich leicht einsehen, daß man das Problem in drei im Markoffschen Sinne voneinander unabhängige Minimalaufgaben zerlegen kann. Die erste Aufgabe besteht darin, jede von der Dampfsammelschiene Q_0 abgenommene gesamte Dampfmenge so mit den N Kesseln zu erzeugen, daß die dafür aufzuwendenden mengenabhängigen Gestehungskosten ein Minimum werden. Es ist also zu fordern

$$\sum_{n=1}^{N} K_n(Q_n) = \text{Min} \tag{2.1–19}$$

mit der Nebenbedingung

$$\sum_{n=1}^{N} Q_n - Q_I - Q_{II} = 0\,. \tag{2.1–20}$$

In dieser Nebenbedingung treten die Größen Q_I und Q_{II} als Parameter auf, d.h. es soll für alle Q_I und Q_{II} die Erzeugung jeweils dieser Dampfmenge optimiert werden.

In der zweiten Aufgabe muß für alle Summenwerte von Q_r die Erzeugung in den M Hochdruckturbinen so gestaltet werden, daß die Summe der Dampfmengen Q_m, d.h. die Entnahme von der Dampfsammelschiene Q_o, minimal wird.

Hierbei ist allerdings zu beachten, daß die elektrische Erzeugung jeder der M Hochdruckturbinen abhängig ist von dem Entnahmedampf Q_I und Q_{II}. Als Kopplungsbedingung zur ersten Minimierungsaufgabe muß gefordert werden, daß die Summe aller Q_m gleich der gesamten Dampferzeugung aus den N Kesseln ist, da der Dampf nicht gespeichert werden kann. Hieraus ergibt sich formelmäßig die Aufgabenstellung der zweiten Minimierungsaufgabe zu

$$\sum_{m=1}^{M} P_m\,(Q_m, Q_{I_m}) = \text{Min} \tag{2.1–21}$$

mit den Nebenbedingungen

$$\sum_{m=1}^{M} Q_{I_m} - Q_I = 0, \tag{2.1–22}$$

$$\sum_{m=1}^{M} (Q_m - Q_{I_m}) - Q_{II} = \sum_{m=1}^{M} Q_m - Q_I - Q_{II} = 0. \tag{2.1–23}$$

Zum Schluß muß noch die Dampfmenge, welche die Niederdruckturbinen von der Sammelschiene Q_{II} entnehmen, für jede Summenleistung aller R Turbinen minimiert werden. Diese Minimierung hat so zu erfolgen, daß die Gesamtsumme aller elektrischen Leistungen aus der Gesamtanlage einer gegebenen geforderten ins Netz zu speisenden Nettoleistung entspricht. Mathematisch lautet diese letzte Aufgabe

$$\sum_{r=1}^{R} Q_r(P_r) = \text{Min} \qquad (2.1\text{–}24)$$

mit der Nebenbedingung

$$\sum_{r=1}^{R} P_r + \sum_{m=1}^{M} P_m - P = 0 \, . \qquad (2.1\text{–}25)$$

Auch hier verbindet man wieder die drei Hauptforderungen mit den jeweils zugehörigen Nebenbedingungen über Lagrange-Multiplikatoren und erhält die drei zu minimierenden Ersatzfunktionen

$$\sum_{n=1}^{N} K_n(Q_n) - \lambda_1 \left(\sum_{n=1}^{N} Q_n - \sum_{m=1}^{M} Q_m \right) = \text{Min}, \qquad (2.1\text{–}26)$$

$$\sum_{m=1}^{M} P_m(Q_m, Q_{I_m}) - \lambda_2 \left(\sum_{m=1}^{M} Q_{I_m} - Q_I \right) - \lambda_3 \times \qquad (2.1\text{–}27)$$

$$\times \left(\sum_{n=1}^{N} Q_n - \sum_{m=1}^{M} Q_m \right) = \text{Min}, \qquad (2.1\text{–}28)$$

$$\sum_{r=1}^{R} Q_r(P_r) - \lambda_4 \left(\sum_{r=1}^{R} P_r + \sum_{m=1}^{M} P_m - P \right) = \text{Min} \, .$$

Hierin treten als unabhängige Veränderliche die Größen Q_n, Q_m, Q_{Im}, P_r, $\lambda_1, \lambda_2, \lambda_3, \lambda_4$ auf. Wenn man wieder nach diesen partiell differenziert, bekommt man das System notwendiger Bedingungen

$$\frac{dK_n}{dQ_n} - \lambda_1 = 0 \, , \qquad (2.1\text{–}29)$$

$$\sum_{n=1}^{N} Q_n - \sum_{m=1}^{M} Q_m = 0 \, , \qquad (2.1\text{–}30)$$

$$\frac{\partial P_m}{\partial Q_m} + \lambda_3 = 0 \, , \qquad (2.1\text{–}31)$$

$$\sum_{n=1}^{N} Q_n - \sum_{m=1}^{M} Q_m = 0 \, , \qquad (2.1\text{–}32)$$

$$\frac{\partial P_m}{\partial Q_{I_m}} - \lambda_2 = 0, \qquad (2.1\text{–}33)$$

$$\sum_{m=1}^{M} Q_{I_m} - Q_I = 0\,, \qquad (2.1\text{–}34)$$

$$\frac{dQ_r}{dP_r} - \lambda_4 = 0\,, \qquad (2.1\text{–}35)$$

$$\sum_{r=1}^{R} P_r + \sum_{m=1}^{M} P_m - P = 0\,. \qquad (2.1\text{–}36)$$

(2.1–30) tritt als (2.1–32) auch in der zweiten Minimierungsaufgabe auf. Es würde genügen, diese Bedingung nur einmal aufzuführen.

Selbstverständlich sind auch hier die meisten Veränderlichen eingeschränkt. Aber hierauf soll nicht näher eingegangen werden, da sie im Hinblick auf die Lösungsmethoden keine weiteren Schwierigkeiten mit sich bringen.

Wenn eine solche Mehrzweckanlage im elektrischen Verbundbetrieb mit weiteren Anlagen zusammenarbeitet, dann liefert diese eben abgeleitete Lösung für jede momentan gerade gelieferte Entnahmedampfmenge eine Ersatzkostenkurve, welche für das dann übergeordnete Optimierungsverfahren maßgebend ist. Schwieriger wird allerdings das Problem, wenn auch auf der Seite der Dampflieferung mehrere Kraftwerke dieser Art zusammenarbeiten und auch alle diese Kraftwerke wiederum elektrisch verbunden sind. In einem solchen Fall muß die Aufgabe insgesamt formuliert und gelöst werden. Ein solches Lösungsverfahren kann in dem Rahmen dieses Buches nicht näher behandelt werden.

2.2. Notwendige Bedingungen für das Minimum der Absolutkostensumme. Momentanoptimierung

Die in Abschn. 1.2 gegebene allgemeine Aufgabenstellung einer Langzeitoptimierung muß nicht immer in dieser Form in Angriff genommen werden. Es treten vielmehr häufig besondere Bedingungen ein, die schwierigere Optimierung über größere Zeiträume unbeachtet zu lassen und stattdessen die einfachere Aufgabe zu lösen, das Minimum der Absolutkosten für die pro Zeiteinheit erzeugte Gesamtenergie zu finden. Wir benötigen hierzu Unterlagen über die Energieerzeugungskosten in den Kraftwerken, wie sie in Abschn. 2.1 beschrieben sind. Diese Kosten sind in thermischen Kraftwerken in der Regel besonders gut definiert als Funktionen der jeweils abgegebenen Leistung und zwar in der Form

$$K_i = F_i(P_i) \quad i = 1, \ldots n \qquad (2.2\text{–}1)$$

$$\underline{P}_i \leq P_i \leq \overline{P}_i \quad \text{---} \qquad (2.2\text{–}1a)$$

für n Kraftwerke. Die Größen K_i werden auch Absolutkosten genannt im Gegensatz zu ihren Ableitungen

$$k_i = f_i(P_i) = \frac{d\,F_i(P_i)}{dP_i} \quad . \tag{2.2–2}$$

die Zuwachskosten genannt werden. $\underline{P}_i$ ist die minimal abgebbare und $\overline{P}_i$ die maximal abgebbare Wirkleistung des i-ten Kraftwerkes. Sofern wir die Differentialrechnung als Hilfsmittel für die Bestimmung eines Extremums heranziehen, müssen wir voraussetzen, daß $F_i(P_i)$ nicht notwendig stetige erste Ableitungen nach P_i besitzt. Darüber hinaus wollen wir auch noch voraussetzen, daß

$$f_i(P_i) \geqq 0 \,, \qquad — \tag{2.2–3}$$

$$\frac{df_i(P_i)}{dP_i} > 0 \;(\geqq 0)\,. \; — \tag{2.2–4}$$

(2.2–3) sagt aus, daß ein Kraftwerk mit wachsender Abgabe elektrischer Leistung pro Zeiteinheit größere absolute Energieerzeugungskosten bedingt. Die Absolutkostenkurven sind monoton wachsend. (2.2–4) beinhaltet die auch meist zutreffende Tatsache, daß mit wachsender abgegebener elektrischer Leistung auch die differentiellen Kosten, also die Zuwachskosten, größer werden. Ist diese Bedingung auch erfüllt, so nennt man die Absolutkostenkurven dann streng konvex, wenn das Gleichheitszeichen nicht gilt, sonst einfach nur konvex. Die Konvexität der Absolutkostenkurven ist zwar oftmals nicht erfüllt; ist sie es aber, so hat die Minimalaufgabe eine eindeutige Lösung.

2.2.1. Absolutkostenminimum ohne Berücksichtigung der Netzverluste

In einem nicht sehr ausgedehnten Gebiet kann man meist die im Verteilungsnetz entstehenden Übertragungsverluste vernachlässigen. Es ist darüber hinaus auch aus didaktischen Gründen vorteilhaft, zunächst die notwendigen Bedingungen für das Minimum der Absolutkostensumme in einem Verbundnetz mit thermischen Kraftwerken ohne Netzverluste zu studieren (Bild 2.2–1).

Die Forderungen würden dann folgendermaßen lauten: Es wird das Minimum der Absolutkostensumme K gefordert, also

$$K = \sum_{i=1}^{n} K_i = \sum_{i=1}^{n} F_i(P_i) = \text{Min} \tag{2.2–5}$$

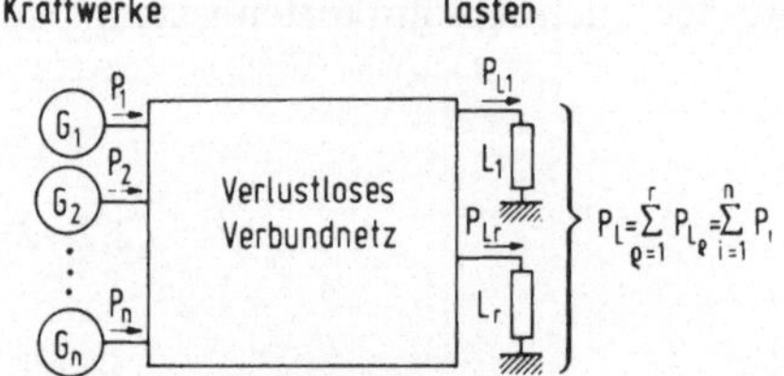

Abb. 2.2–1: Verlustloses Verbundnetz mit n thermischen Kraftwerken ($G_1, \dots G_n$) und r Lasten ($L_1, \dots L_r$)

mit den Einschränkungen

$$\underline{P}_i \leqq P_i \leqq \bar{P}_i, \quad i = 1, \dots n \tag{2.2–6}$$

und unter der Nebenbedingung „konstante Abnehmersummenleistung", also

$$P_L = \sum_{i=1}^{n} P_i = \text{const.} \quad \text{oder} \quad P_L - \sum_{i=1}^{n} P_i = 0\,. \tag{2.2–7}$$

Würde man die Nebenbedingung nicht beachten, erhielte man eine Lösung, die nicht im Sinne der Abnehmer sein kann, nämlich: Man schalte alle Kraftwerke ab, womit man K = 0 erhielte. Läßt man die bezüglich P_i einschränkenden Bedingungen (2.2–6) zunächst außer acht, so kann man mit den Methoden der klassischen Differentialrechnung die notwendigen Bedingungen für ein Minimum mit Nebenbedingungen nach der Lagrangeschen Multiplikatorenmethode dadurch aufstellen, daß man eine Lagrange-Funktion bildet, die aus der zu minimierenden Funktion besteht und die Summe von mit zunächst noch unbestimmten Multiplikatoren (hier ist es nur $\Sigma\lambda$) multiplizierten Nebenbedingungsfunktionen in Nullform ($P_L - \sum_{i=1}^{n} P_i$) hinzufügt. Sie lautet hier

$$\Phi\,(P_1, \dots P_n, \lambda) = \sum_{i=1}^{n} F_i(P_i) + \lambda\,(P_L - \sum_{i=1}^{n} P_i)\,. \tag{2.2–8}$$

Die notwendigen Bedingungen für ein Extremum sind derart, daß die partiellen Ableitungen nach sämtlichen Veränderlichen verschwinden müssen. Das sind n+1 Gleichungen für die n+1 unbekannten Veränderlichen P_1, $\dots P_n$ und λ:

$$\frac{\partial \Phi}{\partial P_i} = \frac{dF_i(P_i)}{dP_i} - \lambda \doteq 0, \quad i = 1, \dots n\,, \tag{2.2–9}$$

und

$$P_L - \sum_{i=1}^{n} P_i \doteq 0\,. \tag{2.2–10}$$

Die letzte Bestimmungsgleichung ist zugleich die Nebenbedingung. Stattdessen hätte man die notwendigen Bedingungen auch so formulieren können, daß man Φ nur nach den freien Veränderlichen P_i zu differenzieren und dann die Nebenbedingung zu berücksichtigen gehabt hätte.

Die praktische Auflösung dieses Gleichungssystems geschieht dadurch, daß man zunächst eine Annahme über $\lambda > 0$ macht. Die Gleichungen

$$\frac{dF_i(P_i)}{dP_i} = f_i(P_i) \doteq \lambda \qquad (2.2\text{–}11)$$

lassen sich graphisch besonders leicht dadurch auflösen, daß man alle Zuwachskostenkurven (Bild 2.2–2) in gleicher Höhe mit λ schneidet. Die Abs-

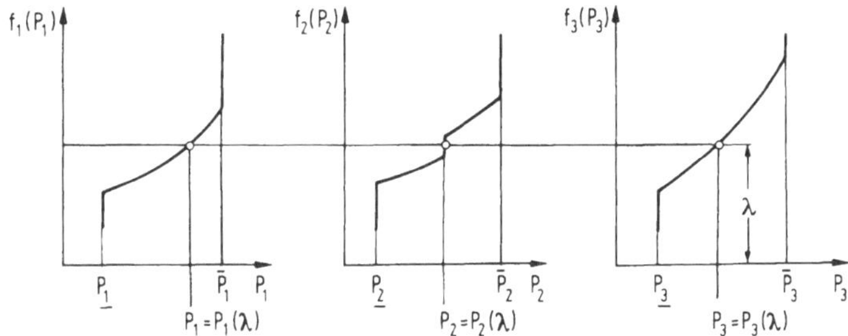

Abb. 2.2–2: Im verlustfreien Verbundnetz ergeben sich minimale Absolutkosten, wenn die (monoton-wachsenden) Zuwachskosten alle gleich sind. Damit werden die von den Kraftwerken abgegebenen Wirkleistungen P_i Funktionen dieser gleichen Zuwachskosten λ

zissen P_i bilden einen Lösungsvektor, freilich nur für den Fall, daß $P_L = \Sigma P_i$ ist. Hierbei ist es sinnvoll, um die Lösungen nicht unter $\underline{P}_i$ und auch nicht über $\bar{P}_i$ hinauswandern zu lassen, die Zuwachskurven durch ent-

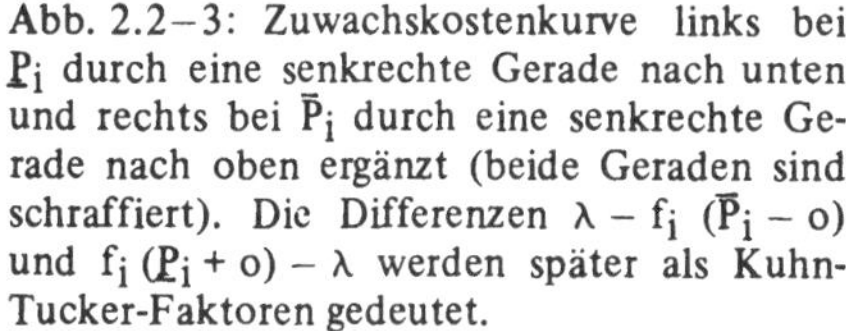
Abb. 2.2–3: Zuwachskostenkurve links bei $\underline{P}_i$ durch eine senkrechte Gerade nach unten und rechts bei $\bar{P}_i$ durch eine senkrechte Gerade nach oben ergänzt (beide Geraden sind schraffiert). Die Differenzen $\lambda - f_i\,(\bar{P}_i - o)$ und $f_i\,(\underline{P}_i + o) - \lambda$ werden später als Kuhn-Tucker-Faktoren gedeutet.

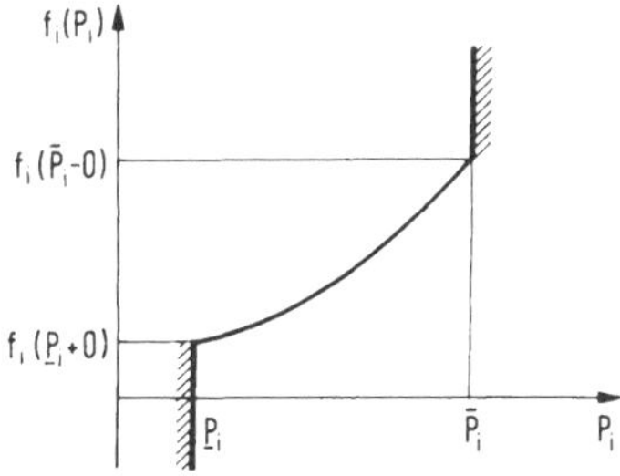

sprechende senkrechte Geraden – und zwar links nach unten und rechts nach oben – in Bild 2.2–3 zu ergänzen, wo diese Senkrechten strichpunktiert eingezeichnet sind.

Für den Fall, daß $f_i(P_i)$ eine positive Sprungstelle besitzt, also an der Sprungstelle $\tilde{P}_i$

$$f_i(\tilde{P}_i + 0) - f_i(\tilde{P}_i - 0) > 0 \qquad (2.2\text{–}12)$$

gilt, ist die klaffende Lücke zwischen den Kurvenstücken links und rechts der Sprungstelle durch eine senkrechte Gerade auszufüllen.

2.2.1.1. Berücksichtigung der Intervallgrenzen für P_i nach Kuhn und Tucker

Die Lagrangesche Multiplikatorenmethode in ihrer ursprünglichen Form gestattet nicht die Berücksichtigung von Ungleichungsbedingungen in einer Extremalaufgabe mit Nebenbedingungen. Sie läßt sich jedoch erweitern, wenn man den Satz von Kuhn und Tucker anwendet *. Wir werden sehen, daß das Ergebnis das gleiche ist, wie in dem soeben geschilderten heuristischen Verfahren der links- und rechtsseitigen Begrenzung der Zuwachskostenkurven durch senkrechte Geraden. Die Lagrange-Funktion Φ ist hierbei nur entsprechend der Anzahl der Ungleichungsbedingungen zu erweitern. Hierzu sind die Ungleichungen in der Form von nicht-positiven Funktionen zu schreiben:

$$\psi_i(P_i) = \underline{P}_i - P_i \leqq 0, \quad i = 1, \ldots n, \qquad (2.2\text{–}13)$$

$$\psi_i(P_i) = P_i - \overline{P}_i \leqq 0, \quad i = 1, \ldots n. \qquad (2.2\text{–}14)$$

Diese Funktionen werden mit nicht-negativen Kuhn-Tucker-Multiplikatoren

$$u_i \geqq 0, \qquad (2.2\text{–}15)$$

$$v_i \geqq 0 \qquad (2.2\text{–}16)$$

multipliziert und zu der in (2.2–8) definierten Lagrange-Funktion Φ (P_1, $\ldots P_n, \lambda$) hinzuaddiert, so daß man jetzt erhält

$$\Phi(P_1, \ldots P_n, \lambda, u_1, \ldots u_n, v_1, \ldots v_n) = \sum_{j=1}^{n} F_j(P_j) + \lambda(P_L - \sum_{j=1}^{n} P_j) + \sum_{j=1}^{n} u_j(\underline{P}_j - P_j) + \sum_{j=1}^{n} v_j(P_j - \overline{P}_j). \qquad (2.2\text{–}17)$$

* Vgl. hierzu Abschn. 6.4 im Anhang.

Voraussetzung für die Anwendung ist, daß die Zielfunktion $\Sigma\, F_i(P_i)$ in den P_i konvex ist. Da die P_i keinen Vorzeichenbeschränkungen unterliegen, bestehen die notwendigen Bedingungen zunächst daraus, daß die partiellen Ableitungen nach den P_i null gesetzt werden:

$$\frac{\partial \Phi}{\partial P_i} = \frac{dF_i(P_i)}{dP_i} - \lambda - u_i + v_i \doteq 0\,, \quad i = 1, \ldots n\,, \tag{2.2–18}$$

oder unter Einführung der Zuwachskostenfunktionen $f_i(P_i)$

$$f_i(P_i) - u_i + v_i \doteq \lambda\,. \tag{2.2–19}$$

Darüber hinaus sind auch hier wieder die Gleichungsnebenbedingungen

$$\sum_{i=1}^{n} P_i \doteq P_L \tag{2.2–20}$$

und nach Kuhn und Tucker als Folge der Ungleichungsbedingungen die Ausschließungsbedingungen

$$u_i(\underline{P}_i - P_i) \doteq 0 \tag{2.2–21}$$

mit

$$u_i \geqq 0\,, \quad P_i \geqq \underline{P}_i\,, \tag{2.2–22}$$

sowie auch die Ausschließungsbedingungen

$$v_i(\overline{P}_i - P_i) \doteq 0 \tag{2.2–23}$$

mit

$$v_i \geqq 0\,, \quad \overline{P}_i \geqq P_i\,, \quad i = 1, \ldots n \tag{2.2–24}$$

zu beachten. (2.2–21) und (2.2–23) verlangen, daß von den beiden Faktoren auf der linken Seite entweder der eine oder der andere Faktor (oder auch beide) verschwinden muß. Solange also die P_i nicht gleich $\underline{P}_i$ oder im anderen Falle gleich $\overline{P}_i$ sind, sind die u_i bzw. v_i gleich null. Damit stimmen (2.2–18) bzw. (2.2–19) mit Gl. (2.2–9) und (2.2–11) überein. Nimmt aber eines oder mehrere der P_i die untere Grenze $\underline{P}_i$ an, so muß u_i soweit von null abweichen, daß eine Lösung möglich ist, was sich so auswirkt, daß $f_i(\underline{P}_i) - u_i$ wegen $u_i \geqq 0$ nach unten abweicht, wobei $P_i = \underline{P}_i$ festgehalten wird. Dies ist aber genau das, was wir bereits in Abschn. 2.2.1 intuitiv erschlossen hatten. Dort wurde an der unteren Grenze $\underline{P}_i$ eine senkrechte Gerade nach unten angefügt. Entsprechendes gilt für den Fall, daß P_i die obere Grenze $\overline{P}_i$ annimmt. In diesem Fall weicht $f_i(\overline{P}_i) + v_i$ wegen $v_i \geqq 0$ nach oben ab. Dies entspricht der Ergänzung einer senkrechten Geraden an der oberen Grenze $\overline{P}_i$ nach oben.

Die Erweiterung der Lagrangeschen Multiplikatorenmethode durch Kuhn und Tucker erweist sich hier als ein sehr einfach zu handhabendes

Verfahren, Gleichungs- und Ungleichungsbedingungen in übersichtlicher Form zu lösen. Daß die Zielfunktion $\Sigma F_j(P_j)$ eine differenzierbare konvexe Funktion sein muß, ebenso auch die nichtpositiven Ungleichungs-Nebenbedingungsfunktionen (hier $\underline{P}_i - P_i$ und $P_i - \overline{P}_i$), ist eine Notwendigkeit für die Eindeutigkeit der Lösung, aber auch für die Anwendbarkeit der Differentialrechnung.

2.2.1.2. Ermittlung von λ bei gegebener Verbraucherleistung P_L durch Binärsuche Es kommt nun auf die Aufgabenstellung an. Soll z.B. eine Tabelle oder Kurvenschar der Lösungen für alle zulässigen P_L ermittelt werden, so muß man λ nur geeignet variieren, um in Abhängigkeit von λ die entsprechenden Vektoren P_i und damit natürlich auch $P_L = \Sigma P_i$ zu erhalten. Insbesondere erhält man auch die Abhängigkeit $P_L = \varphi(\lambda)$. Ist hingegen P_L als fester Wert vorgegeben, so kann der zugehörige Wert λ aus der Darstellung $P_L = \varphi(\lambda)$ leicht dadurch erhalten werden, daß aus der bekannten Ordinate P_L der Abszissenwert λ abgelesen werden kann. Liegt diese Kurve vor, so muß eine systematische Suche – z.B. Binärsuche – beliebig genau zu einem Wert λ führen. Wegen der Monotonie von $P_L = \varphi(\lambda)$ kann in einem ersten Iterationsschritt z.B. mit $\lambda_{[1]}$ in der Intervallmitte begonnen werden, dann ist

$$\lambda_{[1]} = 0{,}5\,(\underline{\lambda} + \overline{\lambda}) = \underline{\lambda} + 0{,}5\,(\overline{\lambda} - \underline{\lambda})\,. \qquad (2.2\text{–}25)$$

Hierbei ist $\underline{\lambda}$ der Minimalwert und $\overline{\lambda}$ der Maximalwert von λ, vgl. hierzu Bild 2.2–4.

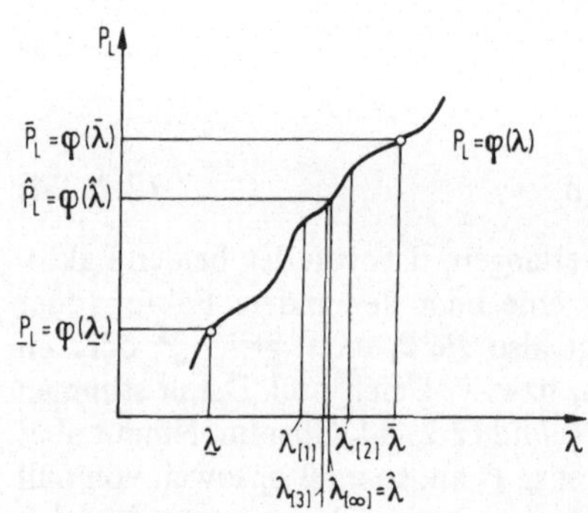

Abb. 2.2–4: *Binärsuche* für λ. Die Lösung (theoretisch nach unendlich vielen Schritten) ist $\lambda = \lambda_{[\infty]}$. Nach n Schritten ist der Fehler von $\lambda_{[n]}$ kleiner als $2^{-n}(\overline{\lambda} - \underline{\lambda})$

Ist das dazugehörige P_L z.B. zu groß, so ist damit auch $\lambda_{[1]}$ zu groß gewesen. Man wählt im nächsten Schritt den Viertelpunkt, also

$$\lambda_{[2]} = \underline{\lambda} + 0{,}25\,(\overline{\lambda} - \underline{\lambda})\,. \qquad (2.2\text{–}26)$$

Ist nun $P_L(\lambda_{[2]})$ und damit auch $\lambda_{[2]}$ zu klein, so wird man im nächsten Schritt den Dreiachtelpunkt wählen, also

$$\lambda_{[3]} = \underline{\lambda} + 0{,}375\,(\overline{\lambda} - \underline{\lambda})\,. \qquad (2.2\text{–}27)$$

Allgemein gilt

$$\lambda_{[n]} = \underline{\lambda} + \sum_{k=1}^{n} V_k\, 2^{-k}\, (\bar{\lambda} - \underline{\lambda})\,. \qquad (2.2\text{–}28)$$

Hierbei ist der Vorzeichenfaktor $V_k = +1$, wenn $\lambda_{[k-1]}$ zu klein war, und $V_k = -1$, wenn $\lambda_{[k-1]}$ zu groß war.

Das hier geschilderte Verfahren der Binärsuche mutet wegen seiner Einfachheit zunächst als möglicherweise zu primitiv an, und man könnte glauben, daß ein anderes raffinierter arbeitendes Verfahren bessere Erfolge hätte. Dies trifft aber nur sehr bedingt zu. Wenn über die Zuwachskostenfunktionen $f_i(P_i)$ keine besonderen Voraussetzungen gemacht werden als diejenige, daß diese monoton wachsend sind, und sie selbst nicht stetige Ableitungen haben müssen, so ist das Verfahren der Binärsuche sicherlich das beste, da es doch mit jedem Schritt eine weitere Binärstelle liefert und man sicher ist, daß nach dem n-ten Schritt der Fehler für λ kleiner ist als $2^{-n}\,(\bar{\lambda} - \underline{\lambda})$. So hat man z.B. nach jeweils zehn Schritten drei gültige Dezimalstellen gewonnen ($2^{10} \approx 10^3$).

Die Binärsuche ist darüber hinaus auch ein Verfahren zum Auffinden einer Nullstelle einer nichtlinearen stetigen Funktion einer Veränderlichen in einem Intervall, in welchem diese Funktion monoton ist und daher nur eine Nullstelle haben kann.

2.2.2. Absolutkostenminimum mit Berücksichtigung der Netzverluste

Mit der Berücksichtigung der Netzverluste soll noch ein weiterer Schritt zur Verallgemeinerung der Aufgabenstellung gemacht werden. Es sollen auch Kraftwerke oder Abnehmer zugelassen werden, deren Leistungen P_i vorgeschrieben, dafür aber keine Kostenkurven gegeben sind. Denn wer Leistung fordert, muß einen Preis zahlen, der sich aus den Optimierungsgleichungen ergibt. Das gleiche ist im umgekehrten Sinn der Fall, wenn Leistung angebo-

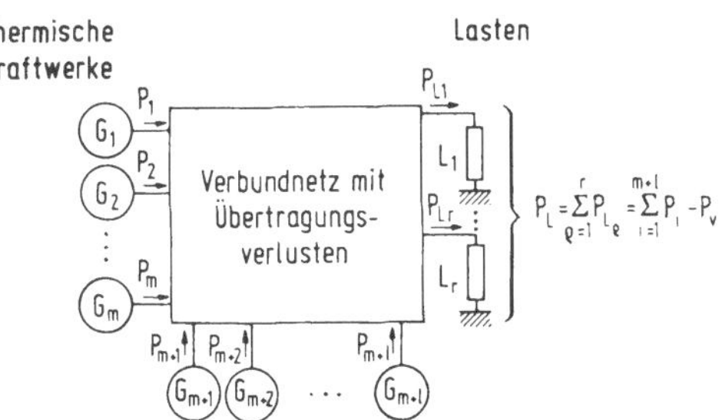

Abb. 2.2–5: Verbundnetz mit Übertragungsverlusten mit n thermischen Kraftwerken ($G_1, \ldots G_m$), l Knotenpunkten mit vorgeschriebenen Leistungen ($G_{m+1}, \ldots G_{m+l}$) und r Lasten ($L_1, \ldots L_r$)

ten wird. Vorgeschriebene Abnehmerleistungen werden immer dann eingeführt, wenn eine pauschale Berücksichtigung in der Größe P_L (Summe aller

Lasten) keine genügend genauen Ergebnisse liefert. In diesem Fall muß aber die betreffende Abnehmerleistung bekannt sein (z.B. durch Fernmessung oder aus einem Fahrplan). Vorgeschriebene Einspeiseleistungen sind z.B. bei Laufwasserkraftwerken gegeben (Bild 2.2–5).

Wir wollen nun annehmen, daß die Anzahl der thermischen Kraftwerke oder sonstiger Einspeisungen oder Belastungen mit bekannten Kostenkurven m und die Anzahl der bekannten Einspeise- oder Abnehmerleistungen l beträgt, dann ergeben sich:

Forderungen	Lagrange-Kuhn-Tucker-Faktoren
$\sum_{i=1}^{m} F_i(P_i) \doteq \text{Min.}$, (2.2–29)	
$F_i(P_i) = 0$, $i = m+1, \dots m+l$,	
$\underline{P}_i \leqq P_i \leqq \overline{P}_i$ oder $\underline{P}_i - P_I \leqq 0$, (2.2–30a)	$u_i \geqq 0$, $i = 1, \dots m$,
$P_i - \overline{P}_i \leqq 0$, (2.2–30b)	$v_i \geqq 0$,
$(\underline{P}_i < \overline{P}_i)$ $i = 1, \dots m$	$u_i = v_i = 0$, $i = m+1, \dots m+l$,
$P_i = P_{i0}$ oder $P_i - P_{i0} = 0$, (2.2–31)	$w_i = 0$, $i = 1, \dots m$,
$i = m+1, \dots m+l$,	$-\infty < w_i < \infty$* $i = m+1, \dots m+l$,
$\sum_{i=1}^{n} P_i - P_V = P_L$ = const oder	
$P_L - \sum_{i=1}^{n} P_i + P_V = 0$ (2.2–32)	$-\infty < \lambda < \infty$*,
$n = m+l$.	

Anhand der auferlegten Bedingungen können wir jetzt ohne Schwierigkeit die folgende Lagrange-Funktion konstruieren

* Uneingeschränkte Variable sollen dadurch gekennzeichnet werden, daß ihr Definitionsbereich von $-\infty$ bis $+\infty$ reicht. Die Festlegung der Bereiche dieser Faktoren ergibt sich aus dem Satz von Kuhn und Tucker (vgl. Abschn. 6.4).

$$
\begin{aligned}
\Phi & (P_1, \ldots P_n, u_1, \ldots u_n, v_1, \ldots v_n, w_1, \ldots w_n, \lambda) = \\
& = \sum_{i=1}^{m} F_i(P_i) + \sum_{i=1}^{n} u_i (\underline{P}_i - P_i) + \\
& + \sum_{i=1}^{n} v_i (P_i - \overline{P}_i) + \sum_{i=1}^{n} w_i (P_i - P_{i0}) + \\
& + \lambda (P_L - \sum_{i=1}^{n} P_i + P_V) .
\end{aligned}
\tag{2.2–33}
$$

Dadurch, daß wir die Funktionen $F_i(P_i)$ und die Faktoren u_i und v_i für $i = m{+}1, \ldots m{+}l$ und entsprechend die w_i für $i = 1, \ldots m$ gleich null gesetzt haben, gelang es, für Φ eine einheitliche Gleichung mit durchgängigen Summationen $(1, \ldots n)$ zu schreiben. Diese Einheitlichkeit setzt sich in den folgenden notwendigen Bedingungen fort. Wir erhalten, da P_i nicht vorzeichenbeschränkt ist, als notwendige Bedingung das Verschwinden sämtlicher partieller Ableitungen nach allen Knotenpunktsleistungen P_i (entsprechend (6.4–7))

$$\frac{\partial \Phi}{\partial P_i} = \frac{dF_i(P_i)}{dP_i} - u_i + v_i + w_i - \lambda \left(1 - \frac{\partial P_V}{\partial P_i}\right) \doteq 0 . \tag{2.2–34}$$

Außerdem müssen noch diejenigen Bedingungen erfüllt sein, die festlegen, wann die u_i bzw. v_i größer als null sein dürfen, nämlich genau dann, wenn sich die Nebenbedingungsungleichungen in Gleichungen verwandeln (vgl. (6.4–8) und (6.4–8c)), was durch folgende Bedingungen zum Ausdruck gebracht wird:

$$u_i (\underline{P}_i - P_i) \doteq 0: \quad u_i \geqq 0, \qquad i = 1, \ldots m \tag{2.2–35a}$$

$$v_i (P_i - \overline{P}_i) \doteq 0: \quad v_i \geqq 0. \tag{2.2–35b}$$

Betrachten wir jetzt die Anzahl der Unbekannten und vergleichen wir diese mit der Anzahl der zur Verfügung stehenden Gleichungen, so ergibt sich folgendes Bild: Unbekannt sind m+l Leistungen P_i, je m Faktoren u_i und v_i, l Faktoren w_i und außerdem λ, also ingesamt 3m + 2l +1 Unbekannte. Diesen stehen aber nur m+2l+1 Gleichungen gegenüber, und zwar l triviale Gleichungen (2.2–31), welche die vorgeschriebenen Leistungen festlegen, die Nebenbedingungen (2.2–32) und die m+l notwendigen Bedingungen (2.2–34), die sich aus dem Verschwinden der partiellen Ableitungen ergeben. Es scheinen also 2m Gleichungen zu fehlen. Tatsächlich reicht aber doch die Anzahl der Gleichungen aus, denn für die m thermischen Leistungen P_i ($i{=}1, \ldots m$) gibt es genau drei Möglichkeiten:

$P_i = \underline{P}_i$, dann liegt P_i fest und u_i muß bestimmt werden, $v_i = 0$,

$\underline{P}_i < P_i < \overline{P}_i$, dann muß P_i bestimmt werden, $u_i = v_i = 0$,

$P_i = \overline{P}_i$, dann liegt P_i fest und v_i muß bestimmt werden, $u_i = 0$.

M.a.W.: Die drei Unbekannten P_i, u_i und v_i sind nicht gleichzeitig unbekannt. Es ist aus den Gleichungen immer nur eine zu bestimmen. Damit reduziert sich die willkürliche Anzahl der Unbekannten auf m+l +1 (wenn man die Leistungen $P_i(i = m+1, \ldots m+l)$ als bekannt ansieht).

Um die tatsächlich aufzulösenden Gleichungen zusammenzustellen, sei einmal angenommen, λ sei bereits ermittelt, so sind die folgenden Gleichungen aufzulösen

a) Für $i = 1, \ldots m$ (vorgegebene Kostenkurven, z.B. thermische Kraftwerke):

Entweder

$$\frac{dF_i(\underline{P}_i)}{dP_i} - u_i = \lambda\left(1 - \frac{\partial P_V}{\partial P_i}\right) = \lambda \frac{\partial P_L}{\partial P_i} \qquad (2.2\text{–}34a)$$

oder

$$\frac{dF_i(P_i)}{dP_i} = \lambda\left(1 - \frac{\partial P_V}{\partial P_i}\right) = \lambda \frac{\partial P_L}{\partial P_i} \qquad (2.2\text{–}34b)$$

oder

$$\frac{dF_i(\bar{P}_i)}{dP_i} + v_i = \lambda\left(1 - \frac{\partial P_V}{\partial P_i}\right) = \lambda \frac{\partial P_L}{\partial P_i}. \qquad (2.2\text{–}34c)$$

b) Für $i = m + 1 \ldots m + l$ (vorgebene Leistungen):

$$w_i = \lambda\left(1 - \frac{\partial P_V}{\partial P_i}\right) = \lambda \frac{\partial P_L}{\partial P_i}. \qquad (2.2\text{–}34d)$$

Ist λ nicht bekannt, so ist es so lange zu variieren (wobei (2.2–34a) bis (2.2–34c) immer wieder aufgelöst werden müssen), bis die Nebenbedingung (2.2–32) erfüllt ist. Über die Berechnung von $\partial P_V/\partial P_i$ ist damit noch nichts ausgesagt. Hier hängt es davon ab, ob P_V direkt aus den Spannungen bzw. Strömen und den Netzdaten errechnet wird oder einfach durch eine Verlustformel, die z.B. die Form

$$P_V = \sum_{i=1}^{n} \sum_{k=1}^{n} B_{ik} P_i P_k + \sum_{i=1}^{n} B_{i0} P_i + B_{00} \qquad (2.2\text{–}36)$$

haben kann. Hierbei hat die Konstante B_{00} sicherlich keinen Einfluß auf die partiellen Ableitungen $\partial P_V/\partial P_i$ und damit auch nicht auf die optimale Aufteilung der Leistungen P_i, weshalb sie häufig weggelassen wird.

Eine Rechtfertigung für eine solche Formel kann man natürlich durch eine entsprechende Herleitung geben. Dabei stellt sich heraus, daß die Netzverluste noch von anderen Parametern abhängen. Man benötigt also noch gewisse Zusatzannahmen, welche diese Parameter in vernünftiger Weise festlegen, z.B. konstante Spannungsbeträge an den Punkten, an denen mit den Leistungen P_i eingespeist wird (im positiven oder negativen Sinn), ferner, daß dort auch mit konstantem Leistungsfaktor cos φ eingespeist wird und daß die Lasten selbst auch bei konstantem Leistungsfaktor und konstanter Aufteilung der einzelnen Lasten an den Abnahmestellen gemäß $P_{L\nu} = l_\nu P_L$, mit $\Sigma\ l_\nu = 1$ angenommen werden. Aber auch dann gelingt es nicht, eine quadratische Verlustformel in der Art von (2.2–36) zu erzeugen, welche für alle P_i gültig ist, sondern die Koeffizienten B_{ik} sind dann selbst immer noch, wenn auch in geringerem Maße, von den P_i abhängig. Da sich ein wesentlicher Teil des praktischen Netzbetriebes nur in einem engen Bereich der P_i abspielt, kann man für die Mittelwerte dieser P_i eine Verlustformel errechnen. Es liegt dann ein mittlerer Lastfall (base case) zugrunde. Eine Verlustformel höheren – z.B. vierten – Grades (es kommen wegen der geforderten Definitheit nur gerade Grade infrage) verbietet sich wegen der zu hohen Anzahl der Koeffizienten.

2.2.2.1. Bedeutung der Faktoren u_i, v_i, w_i und λ; Zuwachskostenintegral

Interessant ist in diesem Zusammenhang noch die Bedeutung der Lagrange-Kuhn-Tucker-Faktoren, oftmals auch Dualvariable genannt. Alle diese Faktoren haben die Dimension von Zuwachskosten [DM/MWh]. Ihre Bedeutung ist jedoch unterschiedlich. Wie schon in Abschn. 2.2 ausgeführt, denken wir uns die Zuwachskosten $f_i(P_i) = dF_i(P_i)/dP_i$ der Kraftwerke (Einspeisestellen, Abnehmer) bei $\underline{P}_i$ durch eine senkrechte Gerade nach unten und bei $\overline{P}_i$ durch eine senkrechte Gerade nach oben ergänzt (vgl. Bild 2.2–3), dann sind $f_i(P_i)$ die tatsächlich entstehenden (oder zu beziehenden Zuwachskosten). Die Größe $u_i \geqq 0$ stellt dann die Differenz zwischen diesen Kosten und den sich aus dem optimalen Gleichgewicht ergebenden, i.allg. kleineren Zuwachskosten für $P_i = \underline{P}_i$ dar. Entsprechendes gilt für $v_i = 0$. Für $P_i = \underline{P}_i$ müssen also nicht die tatsächlichen Zuwachskosten $f_i(P_i)$, sondern die sog. fiktiven Zuwachskosten $f_i(P_i) - u_i$ bzw. $f_i(P_i) + v_i$ mit $\lambda(1 - \partial P_V/\partial P_i)$ übereinstimmen.

Auch dann, wenn keine Kostenkurven gegeben sind, z.B. im Falle vorgeschriebener Leistungen ($i = m+1, \ldots m+l$), existieren fiktive Zuwachskosten, und zwar sind sie hier durch die Faktoren w_i gegeben. Nehmen wir z.B. an, daß am i-ten Knoten (Sammelschiene) ein Laufwasserkraftwerk mit $P_i = P_{i0}$ einspeist und ergäben sich fiktive Zuwachskosten in der Höhe von w_i, so hat dies folgende Bedeutung: Ein thermisches Kraftwerk, würde an der gleichen Stelle bei Erfüllung aller notwendigen Bedingungen (2.2–34a) bis (2.2–34c) und (2.2–32) dann mit $f_i(P_{io}) = w_i$ einspeisen, sofern es nicht an der oberen oder unteren Grenze der Leistung arbeitet. Damit ergibt die Größe eine Bewertung des Wassers im Laufwasserkraftwerk, da die abgegebene Leistung mit guter Näherung proportional dem durchgeflossenen Wasser ist.

Eine gewisse Menge Wasser ist in diesem Gedankenexperiment austauschbar mit einer gewissen Menge Geld oder Kohle.

Der schon in den Optimierungsgleichungen für die optimale Aufteilung der Kraftwerksleistungen ohne Berücksichtigung der Netzverluste auftretende Lagrange-Faktor λ ist offensichtlich eine Funktion der gesamten Abnehmerleistung P_L. Unter der Voraussetzung, daß die Zuwachskosten $f_i(P_i)$

aller Einspeisestellen mit P_i wachsen, wächst auch λ mit P_L. Daß λ die Bedeutung von abnehmerseitigen Zuwachskosten hat, ergibt sich aus folgenden Überlegungen: Aus (2.2–346) folgt

$$dF_i(P_i) = \lambda \left(1 - \frac{\partial P_V}{\partial P_i}\right) d\,P_i = \lambda \frac{\partial P_L}{\partial P_i}\,dP_i\,. \tag{2.2–37}$$

Die Berücksichtigung von (2.2–34a), (2.2–34c) und (2.2–34d) ist nicht erforderlich, da wir, um nicht die triviale Beziehung $0 = 0$ zu erhalten, $dP_i \neq 0$ voraussetzen müssen. Unter dieser Voraussetzung sind aber $u_i\,dP_i$, $v_i\,dP_i$ und $w_i\,dP_i$ gleich null, da immer dann, wenn u_i, v_i bzw. w_i von null verschieden sind, P_i konstant sein muß und damit dP_i verschwinden muß. Summieren wir jetzt über alle Einspeisestellen mit Kostenkurven ($i = 1, \ldots m$), so ergibt sich

$$dK = \sum_{i=1}^{m} dF_i(P_i) = d \sum_{i=1}^{m} F_i(P_i) =$$

$$= \lambda\,(P_L) \sum_{i=1}^{m} \frac{\partial P_L}{\partial P_i}\,dP_i\,. \tag{2.2–38}$$

Hierbei wurde die Gesamtkostensumme $\sum_{i=1}^{m} F_i(P_i) = K$ gesetzt. Betrachtet man P_L als Funktion der Veränderlichen P_i, so ist die Summe

$$\sum_{i=1}^{m} \frac{\partial P_L}{\partial P_i}\,dP_i = dP_L \tag{2.2–39}$$

das vollständige Differential von P_L. Damit ergeben sich einerseits die Beziehungen

$$dK = \lambda\,(P_L)\,dP_L, \tag{2.2–40}$$

$$\frac{dK}{dP_L} = \lambda\,(P_L)\,, \tag{2.2–41}$$

womit gezeigt ist, daß $\lambda\,(P_L)$ die Zuwachskostenfunktion für die gesamte Abnehmerleistung P_L ist unter der Voraussetzung, daß die Absolutkosten $F_i(P_i)$ stetig und differenzierbar sind und damit die Zuwachskosten $f_i(P_i)$ existieren. Andererseits kann K als Funktion von P_L in Form eines Integrals angegeben werden. Es ist, wie in Bild 2.2–6 anschaulich dargestellt,

$$K(\hat{P}_L) = \int_{\underline{P}_L}^{\hat{P}_L} \lambda\,(P_L)\,d\,P_L + K(\underline{P}_L)\,. \tag{2.2–42}$$

Würde man in den $F_i(P_i)$ Sprünge zulassen, so hätte dies zur Folge, daß in den entsprechenden Zuwachskostenfunktionen $f_i(P_i)$ Diracsche Delta-Funktionen enthalten sein müssen, die sich dann auch auf die Funktion λ

übertragen würden. Die Sprünge würden sich dann auch auf das Integral übertragen, und $K(P_L)$ hätte dann auch Sprünge. Es sei noch erwähnt, daß im Sinne der Eindeutigkeit der Funktion λ an die $f_i(P_i)$ noch die Forderung gestellt werden muß, daß diese Funktionen monoton wachsend sein müssen, was bedeutet, daß die Funktionen $F_i(P_i)$ konvex sein müssen (in den Bereichen, in welchen keine Sprungstellen enthalten sind).

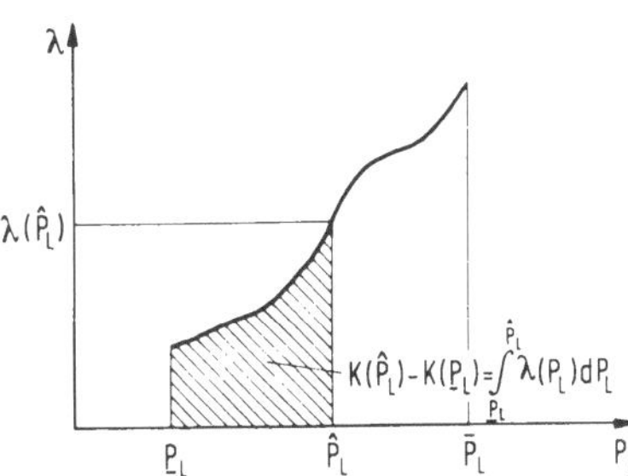

Abb. 2.2–6: Das *Kostenintegral*. Die Differenz der Absolutkosten zu einem Anfangswert ergibt sich als Fläche unter der Kurve der Zuwachskosten in Abhängigkeit von der Abnehmersummenleistung P_L

2.2.2.2. Kosten für den Transport von Leistung durch ein Netz Ohne Kenntnis der Theorie des optimalen Verbundbetriebes ist man anfänglich ratlos, wie man die Kosten für den Transport elektrischer Leistung durch ein Netz bewerten soll. Zunächst wird man daran denken, die infolge des Durchtransports veränderten Verluste als Grundlage für diese Kosten zu verwenden. Dann erhebt sich die weitere Frage, wie man diese Verluste bewerten soll. In der Theorie des optimalen Verbundbetriebs hingegen beantwortet sich diese Frage jedoch von selbst.

Wir gehen aus von dem momentan-optimierten Zustand unter der Verbraucherlast P_L. Hierbei seien sowohl die Einspeisestelle a als auch die Abnahmestelle b für die durchtransportierte Leistung P_T in der Art eines Laufwasserkraftwerks, also mit fest vorgegebener Leistung, behandelt (Bild 2.2–7). Vor dem Durchtransport sind diese Leistungen auf beiden Seiten a

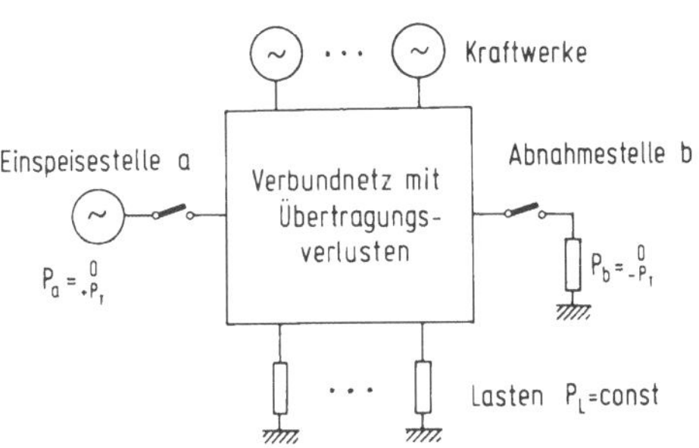

Abb. 2.2–7: Zur Ermittlung der Kosten für den Leistungstransport durch ein Netz werden zwei momentan-optimierte Zustände betrachtet: a) ohne Durchtransport $P_a = -P_b = P_T$, wobei die Gesamtabnehmerleistung P_L konstant gehalten wird. Die Transportkosten ergeben sich als Differenz der Absolutkostensummen für beide optimierte Zustände

und b gleich null zu setzen. Es ergibt sich für die Zielfunktion (2.2.2.–1) ein Minimum

$$K(0) = \sum_{i=1}^{m} F_i(P_i), \quad P_a = -P_b = 0. \tag{2.2–43}$$

Nun nehmen wir an, daß am Punkt a die Leistung $P_a = P_T > 0$ und am Punkt b die Leistung $P_b = - P_T$ eingespeist wird, was wegen des negativen Vorzeichens eine Abnahme bedeutet. Unter dieser Situation ergibt sich ein anderes Minimum der Zielfunktion:

$$K(P_T) = \sum_{i=1}^{m} F_i(P_i), \quad P_a = - P_b = P_T. \tag{2.2–44}$$

Die Transportkosten pro Zeiteinheit ergeben sich dann als Differenz dieser beiden Absolutkostensummen:

$$K_T = K(P_T) - K(0). \tag{2.2–45}$$

Diese Transportkosten müssen nicht notwendig positiv sein. Insbesondere in den Fällen, in welchen sich infolge des Durchtransports eine Verringerung der Verluste ergibt, können die stündlichen Transportkosten negativ ausfallen. Entscheidend sind freilich nicht die Verluste, sondern nur die veränderte Aussteuerung der Kraftwerke und die dadurch bedingte Veränderung der Absolutkostensumme. Überhaupt stellt man in dieser Theorie fest, daß die Netzverluste hier als Rechengröße direkt überhaupt nicht auftreten. Da die Aufgabenstellung im optimalen Verbundbetrieb nicht lautet, die Netzverluste sondern die Kostensumme zu einem Minimum zu machen, sind auch alle vorherigen Betrachtungen über eine Minimierung der Netzverluste völlig unnötig. Sie liefern keinen Beitrag zur Lösung des Problems.

Für einen länger andauernden Durchtransport ist K_T auch noch eine Funktion der Zeit, so daß die insgesamt durchtransportierte Arbeit gegeben ist durch

$$\int_{t_1}^{t_2} K_T(t)\, dt. \tag{2.2–46}$$

Für die vollständige Abrechnung kommen freilich noch neben gewissen Unkosten auch die Aufwendungen hinzu, die gegebenenfalls wegen größerer Investitionen in den Übertragungsmitteln erforderlich sind, um die Übertragungskapazität bereitzustellen.

2.2.3. Ein Newton-Verfahren zur Auflösung der Optimierungsgleichungen

Falls nicht der Lagrange-Faktor λ vorgegeben ist, wie es z.B. zur Berechnung einer Lastverteilertabelle $P_1 = \varphi_1\ (P_L)$, $P_2 = \varphi_2\ (P_L)$, . . . völlig ausreichend war (da sich dann P_L nachträglich ergibt), sondern P_L für einen konkreten Fall vorgegeben ist, so muß die Bestimmung von λ noch näher erläutert werden. Echte Unbekannte sind nun die P_i $(i = 1, \ldots m)$, die w_i $(i = m+1, \ldots n)$ und λ. Die Dualvariablen u_i und v_i sind nur dann unbekannt, wenn P_i an der unteren bzw. oberen Grenze anstößt und damit bekannt ist. Dann können u_i und v_i, falls sie überhaupt benötigt werden, immer noch ausgerechnet werden. Auch die Größen w_i werden meist nicht benötigt. Sie können daher in der folgenden Betrachtung weggelassen werden. Dann haben wir m Gleichungen vom Typ (2.2–34b) aufzulösen und noch (2.2–32) zu beachten. Für kleine Änderungen erhält man dann aus diesen Gleichungen

$$\frac{d^2 F_i(P_i)}{(dP_i)^2} + \lambda \frac{\partial^2 P_V}{(\partial P_i)^2} dP_i + \lambda \sum_{\substack{k=1 \\ k \neq i}}^{m} \frac{\partial^2 P_V}{\partial P_i \partial P_k} dP_k -$$

$$- \left(1 - \frac{\partial P_V}{\partial P_i}\right) d\lambda = 0, \quad i = 1, \ldots m, \tag{2.2–47}$$

$$\sum_{k=1}^{m} \left(1 - \frac{\partial P_V}{\partial P_k}\right) dP_k = dP_L = P_{L\,Soll} - P_{L\,Ist}. \tag{2.2–48}$$

Die ersten m Gleichungen sind homogen. In diesem Fall sind alle Unbekannten nur bis auf einen willkürlichen Faktor ρ bestimmt. Man kann dann zunächst $d\lambda$ beliebig annehmen und nach den Hauptdiagonalelementen dP_i auflösen. Die dP_k unter der Summe werden in einer ersten Iteration gleich null gesetzt und sind erst von der zweiten Iteration an bekannt. Die absolute Größe bestimmt sich dann aus der letzten Gleichung. Hier ist ρ so zu wählen, daß die linke Seite die gewünschte Korrektur, welche gleich der Differenz von Sollwert $P_{L\,Soll}$ und Istwert $P_{L\,ist}$ sein soll, ergibt. Überschreiten oder unterschreiten danach einige der P_i ihre Grenzwerte, so werden diese jeweils auf diese zurückgesetzt.

Sofern P_V durch eine Verlustformel (2.2–36) gegeben ist, kann man die partiellen Ableitungen nach P_i und P_k durch die Verlustkoeffizienten ausdrücken:

$$\frac{\partial^2 P_V}{\partial P_i \partial P_k} = 2\, B_{ik} \tag{2.2–49}$$

und

$$\frac{\partial P_V}{\partial P_i} = 2 \sum_{k=1}^{n} B_{ik}\, P_k + B_{i0}\,. \tag{2.2–50}$$

Da jede grundlegende Änderung der Lastsituation eine Neuberechnung der Verlustkoeffizienten erfordert, wird man sich fragen, ob es nicht eine Möglichkeit gibt, diese partiellen Ableitungen direkt aus den Netz- und Lastflußdaten zu berechnen. In diesem Fall ist es zweckmäßig, den Lastfluß mit Hilfe der betreffenden Funktionalmatrix zu berechnen. Im folgenden soll auf diese Möglichkeit näher eingegangen werden.

2.2.4 Berechnung der differentiellen Verluste aus den Netz- und Lastflußdaten

Aufgabe einer Lastflußrechnung im engeren Sinn ist es, bei gegebenen Netzdaten (Impedanzen bzw. Admittanzen der Leitungen, Tranformatoren und weiterer Netzelemente, Übersetzungsverhältnisse der Transformatoren usw.) und Knotendaten (Wirkleistungen, Blindleistungen, Spannungsbeträge) den Strom- und Leistungsfluß iterativ zu errechnen. Iterationen sind notwendig, da die Aufgabenstellung wegen der vorgegebenen Leistungen nichtlinear ist. Unbekannte sind die komplexen Spannungen oder reell ausgedrückt, die Spannungsbeträge und ihre Winkel an den Knoten. Die Beziehungen der Knotenwirk- und -blindleistungen P, Q einerseits und der Spannungswinkel ϑ_i und -beträge V_i andererseits sind für kleine Änderungen linear und werden durch folgende Funktionalmatrix (Jacobi-Matrix), die selbst wieder aus vier Teil-Funktionalmatrizen bestehen, ausgedrückt:

$$\begin{bmatrix} d[P] \\ \\ d[Q] \end{bmatrix} = \begin{bmatrix} \dfrac{\partial[P]}{\partial[\vartheta]} & \dfrac{\partial[P]}{\partial[V]} \\ \\ \dfrac{\partial[Q]}{\partial[\vartheta]} & \dfrac{\partial[Q]}{\partial[V]} \end{bmatrix} \begin{bmatrix} d[\vartheta] \\ \\ d[V] \end{bmatrix} \tag{2.2–51}$$

$$= [J] \begin{bmatrix} d[\vartheta] \\ \\ d[V] \end{bmatrix} \tag{2.2–52}$$

Die vier Teil-Funktionalmatrizen lassen sich leicht ausrechnen, denn für die Knoten, an welchen eine Leistung vorgeschrieben ist, gilt für die dort einfließenden Ströme

$$I_i = \sum_{k=1}^{n} y_{ik} U_k, \qquad \begin{aligned} y_{ik} &= |y_{ik}|\, e^{j\alpha_{ik}}, \\ U_k &= V_k\, e^{j\vartheta_k}. \end{aligned} \tag{2.2–53}$$

y_{ik} sind die Elemente der Netzadmittanzmatrix. Letztere stimmt mit der Knotenadmittanzmatrix überein, wenn alle Knoten in Betracht gezogen werden[3)].* Andernfalls müssen Knoten eliminiert werden.

Die komplexe Leistung ist dann

$$S_i = P_i + jQ_i = U_i\, I_i^* = U_i \sum_{k=1}^{n} y_{ik}^* U_k^* \,. \tag{2.2–54}$$

---

* Dann ist y_{ii} gleich der Summe aller mit dem i-ten Knoten verbundenen Admittanzen und y_{ik} gleich der negativen Summe aller Admittanzen, welche der i-ten Knoten mit dem k-ten Knoten verbinden (nach Umrechnung aller Admittanzen auf einheitliches Spannungsniveau, per unit = p.u.)

Zur Berechnung der Teil-Funktionalmatrizen ist es zweckmäßig, erst die Differentiation nach den ϑ_k und V_k durchzuführen und dann die Real- bzw. Imaginärteile zu nehmen. Man erhält schließlich

$$\frac{\partial P_i}{\partial \vartheta_k} = V_i \Big(V_k\,|y_{ik}|\sin(\vartheta_i - \vartheta_k - \alpha_{ik}) - \\ - \delta_{ik} \sum_{\nu=1}^{n} V_\nu\,|y_{i\nu}|\sin(\vartheta_i - \vartheta_\nu - \alpha_{i\nu}) \Big), \qquad (2.2\text{–}55)$$

$$\frac{\partial Q_i}{\partial \vartheta_k} = V_i \Big(-V_k\,|y_{ik}|\cos(\vartheta_i - \vartheta_k - \alpha_{ik}) + \\ + \delta_{ik} \sum_{\nu=1}^{n} V_\nu\,|y_{i\nu}|\cos(\vartheta_i - \vartheta_\nu - \alpha_{i\nu}) \Big), \qquad (2.2\text{–}56)$$

$$\frac{\partial P_i}{\partial V_k} = V_i\,|y_{ik}|\cos(\vartheta_i - \vartheta_k - \alpha_{ik}) + \\ + \delta_{ik} \sum_{\nu=1}^{n} V_\nu\,|y_{i\nu}|\cos(\vartheta_i - \vartheta_\nu - \alpha_{i\nu}), \qquad (2.2\text{–}57)$$

$$\frac{\partial Q_i}{\partial V_k} = V_i\,|y_{ik}|\sin(\vartheta_i - \vartheta_k - \alpha_{ik}) + \\ + \delta_{ik} \sum_{\nu=1}^{n} V_\nu\,|y_{i\nu}|\sin(\vartheta_i - \vartheta_\nu - \alpha_{i\nu}), \qquad (2.2\text{–}58)$$

$$i, k = 1, \dots n.$$

Hierbei ist

$$\delta_{ik} = \begin{matrix} 1 \text{ für } i = k \\ 0 \text{ für } i \neq k \end{matrix}$$

das Kronecker-Symbol, das es ermöglicht, die Formeln für $i = k$ und $i \neq k$ einheitlich zu schreiben. Da in den ersten beiden Teil-Funktionalmatrizen die Summe der Elemente jeweils einer Zeile verschwinden, sind diese Teilmatrizen singulär (sie können daher nicht invertiert werden) · Es ist also

$$\sum_{k=1}^{n} \frac{\partial P_i}{\partial \vartheta_k} = \sum_{k=1}^{n} \frac{\partial Q_i}{\partial \vartheta_k} = 0 \qquad (2.2\text{–}59)$$

und

$$\det\left(\frac{\partial P_i}{\partial \vartheta_k}\right) = \det\left(\frac{\partial Q_i}{\partial \vartheta_k}\right) = 0 \qquad (2.2\text{–}60)$$

Der tatsächliche Rang dieser Matrizen ist im allgemeinen n–1. Aus diesem Grund können nur je n–1 Größen $d\vartheta_i$ ermittelt werden. Eine sog. starre Spannung (Slack-Generator) muß in der Lastflußrechnung konstant gehalten werden. Für sie ist im weiteren Verlauf der Rechnung $dV_i = d\vartheta_i = o$ bekannt.

Es ist genau dann ein Element in der i-ten Zeile und k-ten Spalte dieser Teil-Funktionalmatrizen gleich null, wenn auch das entsprechende Element y_{ik} ungleich null ist. Die Matrix [J] ist daher in der Regel schwachbesetzt; man sagt: die Matrix ist spärlich.

In der Lastflußrechnung sind dP_i und dQ_i bekannt, während $d\vartheta_i$ und dV_i unbekannt sind. Formal gesehen läge es nahe, die Unbekannten durch Inversion von [J] zu errechnen. Damit würde aber die Spärlichkeit von [J] zerstört werden. Stattdessen sollte man die topologisch gesteuerte Dreiecksfaktorisierung mit nachfolgender Vorwärts- und Rückwärtssubstitution anwenden oder einen gleichwertigen Algorithmus (Vgl. hierzu [87a] und die Ausführungen in Abschn. 6.8.1).

Die Wirkverlustleistung P_V des Netzes stellt sich, wenn man alle Knoten in Betracht zieht, einfach als Summe aller Leistungen P_i (Einspeisungen positiv, Lasten negativ gezählt) dar. Diese Leistungen lassen sich einmal als Funktionen von ϑ_i und V_i, aber auch als Funktionen von P_i und Q_i ausschließlich darstellen. Es ist dann

$$P_V = \varphi(\vartheta_1, \ldots \vartheta_n, V_1, \ldots V_n) = \psi(P_1, \ldots P_n, Q_1, \ldots Q_n) \qquad (2.2\text{–}61)$$

$$= \sum_{i=1}^{n} P_i \,. \qquad (2.2\text{–}62)$$

Nun ist

$$\frac{\partial P_V}{\partial \vartheta_i} = \frac{\partial \varphi}{\partial \vartheta_i} = \sum_{\nu=1}^{n} \left(\frac{\partial \psi}{\partial P_\nu}\,\frac{\partial P_\nu}{\partial \vartheta_i} + \frac{\partial \psi}{\partial Q_\nu}\,\frac{\partial Q_\nu}{\partial \vartheta_i}\right), \qquad (2.2\text{–}63)$$

$$\frac{\partial P_V}{\partial V_i} = \frac{\partial \varphi}{\partial V_i} = \sum_{\nu=1}^{n} \left(\frac{\partial \psi}{\partial P_\nu}\,\frac{\partial P_\nu}{\partial V_i} + \frac{\partial \psi}{\partial Q_\nu}\,\frac{\partial Q_\nu}{\partial V_i}\right). \qquad (2.2\text{–}64)$$

Unter diesen Vektoren von partiellen Ableitungen der Wirkverlustleistung besteht eine matrizielle Beziehung, welche durch die Transponierte der Funktionalmatrix ausgedrückt werden kann. Es ist nämlich

$$\begin{bmatrix} \frac{\partial \varphi}{\partial \vartheta_1} \\ \vdots \\ \frac{\partial \varphi}{\partial \vartheta_n} \\ \frac{\partial \varphi}{\partial V_1} \\ \vdots \\ \frac{\partial \varphi}{\partial V_n} \end{bmatrix} = [J]_t \begin{bmatrix} \frac{\partial \psi}{\partial P_1} \\ \vdots \\ \frac{\partial \psi}{\partial P_n} \\ \frac{\partial \psi}{\partial Q_1} \\ \vdots \\ \frac{\partial \psi}{\partial Q_n} \end{bmatrix} \quad (2.2-65)$$

Der Vektor auf der linken Seite dieser Gleichung ist leicht zu berechnen. Die für unsere Aufgabe unbekannten Größen sind die Ableitungen $\partial \psi/\partial P_i = \partial P_V/\partial P_i$. Sie stellen die partiellen Ableitungen der Netzwirkverlustleistung P_V nach den Wirkleistungen dar unter der Voraussetzung, daß jeweils die übrigen P_ν für $\nu \neq i$ und auch die Q_i konstant gehalten werden. Für die Transponierte $[J]_t$ gilt hinsichtlich der Spärlichkeit und der Behandlung der hier auftretenden Aufgabe der Auflösung dieses linearen Gleichungssystems das gleiche wie in der Lastflußaufgabe.

Durch nochmalige Differentiation lassen sich auch Ausdrücke für die Berechnung der zweiten Ableitungen

$$\frac{\partial^2 P_V}{\partial P_i \, \partial P_k} \quad (2.2-66)$$

gewinnen. Die Anzahl der Unbekannten ist dann allerdings sehr groß, und zwar $(2n)^2$.

2.3. Hinreichende Bedingungen für ein Kostenminimum [125] [126]

2.3.1. Allgemeine Formulierung

Die Funktion, deren Minimum zu bestimmen ist, lautet allgemein

$$\varphi(P_1, \ldots P_n) = \sum_{i=1}^{n} K_i(P_i) \rightarrow \text{Min.} \quad (2.3-1)$$

Es soll also ein Minimum der Brennstoffkosten aller Kraftwerke erreicht werden, wobei die Veränderlichen der Nebenbedingung, daß nämlich die

Summe der eingespeisten Leistungen abzüglich der Netzverluste gleich der Summe der abgenommenen Leistungen

$$\psi(P_1, \ldots P_n) = \sum_{i=1}^{n} P_i - P_\nu(P_1, \ldots, P_n) - \sum_{r=1}^{m} P_{Lr} = 0, \qquad (2.3\text{–}2)$$

sein muß, genügen müssen. Da sich die Untersuchung auf einen vorgegebenen Lastzustand im Netz beziehen soll, muß die Summenleistung der Abnehmer

$$\sum_{r=1}^{m} P_{Lr} = \text{const} \qquad (2.3\text{–}3)$$

gesetzt werden. Mit Hilfe eines unbestimmten Lagrange-Faktors λ lassen sich (2.3–1) und (2.3–2) verbinden zu

$$f(P_1, \ldots P_n) = \varphi + \lambda\,\psi\,. \qquad (2.3\text{–}4)$$

Als notwendige Bedingungen für ein Minimum müssen die partiellen ersten Ableitungen von (2.3–4) nach den unabhängigen Variablen P_i verschwinden, also muß sein

$$f_{P_i} = \varphi_{P_i} + \lambda\,\psi_{P_i} = 0 \qquad (2.3\text{–}5)$$

und

$$\psi = 0\,.$$

Durch dieses gewöhnlich nichtlineare Gleichungssystem sind diejenigen Punkte festgelegt, die extreme Werte oder Sattelpunkte darstellen.

Um diese extremen Punkte näher zu untersuchen, entwickelt man (2.3–4) in der Umgebung jedes Lösungspunktes in eine Taylorreihe und bricht nach dem dritten Glied ab, so daß man

$$f(x) = f_0 + \frac{\Delta x}{1!}\,\frac{df}{dx} + \frac{(\Delta x)^2}{2!}\,\frac{d^2 f}{dx^2} + \ldots \qquad (2.3\text{–}6)$$

erhält. Darin ist x eine gemeinsame Hilfsveränderliche. In genügend naher Umgebung der Lösungspunkte muß das zweite Glied in (2.3–6) als notwendige Bedingung verschwinden, denn dort wird

$$\frac{\Delta x}{1!}\,\frac{df}{dx} = df = \sum_{i=1}^{n} \frac{\partial f}{\partial P_i}\,dP_i = 0\,. \qquad (2.3\text{–}7)$$

Es muß dann als hinreichende Bedingung für ein Minimum gefordert werden, daß

$$f(x) - f_0 = \frac{(\Delta x)^2}{2!}\,\frac{d^2 f}{dx^2} > 0\,, \qquad (2.3\text{–}8)$$

also jeder Funktionswert in der Umgebung des Lösungspunktes größer ist als der des Lösungspunktes. Daraus folgt aber, daß die zweite vollständige Ableitung von f in der Umgebung des Lösungspunktes größer als Null sein muß. Es ist also zu fordern,

$$d^2 f > 0 . \tag{2.3–9}$$

Jetzt muß aber beachtet werden, daß die Abweichungen vom Lösungspunkt Einschränkungen unterworfen sind, denn es muß auch noch (2.3–3) erfüllt bleiben. Man muß deshalb auch von (2.3–2) das vollständige Differential bilden, so daß man

$$\sum_{i=1}^{n} dP_i - dP_V = 0 \tag{2.3–10}$$

erhält. Durch Auflösen erhält man

$$\sum_{i=1}^{n} \left(1 - \frac{\partial P_V}{\partial P_i}\right) dP_i = 0 , \tag{2.3–11}$$

worin

$$1 - \frac{\partial P_V}{\partial P_i} = l_i \tag{2.3–12}$$

der reziproke Verlustkorrekturfaktor ist, den man zur Abkürzung mit l_i bezeichnet. Damit geht (2.3–11) unter Einsatz von (2.3–12) über in

$$\sum_{i=1}^{n} l_i \, dP_i = 0 . \tag{2.3–13}$$

Aus (2.3–13) läßt sich eine der Abweichungen, z.B. die n-te Abweichung, durch die übrigen ausdrücken:

$$dP_n = \sum_{i=1}^{n-1} \frac{l_i}{l_n} \, dP_i . \tag{2.3–14}$$

Aus (2.3–9) folgt aus der Definition der vollständigen Ableitungen

$$d^2 f = - \sum_{i=1}^{n} \sum_{k=1}^{n} \frac{\partial^2 f}{\partial P_i \, \partial P_k} \, dP_i \, dP_k > 0 . \tag{2.3–15}$$

Wenn man in (2.3–15) ebenfalls die n-te Abweichung ausklammert, so erhält man

$$d^2 f = \sum_{i=1}^{n-1} \sum_{k=1}^{n-1} \frac{\partial^2 f}{\partial P_i \, \partial P_k} \, dP_i \, dP_k + 2 dP_n \sum_{i=1}^{n-1} \frac{\partial^2 f}{\partial P_i \, \partial P_n} \, dP_i + \frac{\partial^2 f}{\partial P_n^2} (dP_n)^2 . \tag{2.3–16}$$

Setzt man (2.3–14) in (2.3–16) ein, so wird

$$d^2f = \sum_{i=1}^{n-1} \sum_{k=1}^{n-1} \frac{\partial^2 f}{\partial P_i \, \partial P_k} \, dP_i \, dP_k -$$

$$- 2 \sum_{i=1}^{n-1} \sum_{k=1}^{n-1} \frac{l_i}{l_n} \frac{\partial^2 f}{\partial P_n \, \partial P_k} \, dP_i \, dP_k +$$

$$+ \frac{\partial^2 f}{\partial P_n^2} \sum_{i=1}^{n-1} \sum_{k=1}^{n-1} \frac{l_i \, l_k}{l_n^2} \, dP_i \, dP_k \,. \tag{2.3–17}$$

Durch Zusammenfassen der einzelnen Summen wird daraus

$$d^2f = \sum_{i=1}^{n-1} \sum_{k=1}^{n-1} \left(\frac{\partial^2 f}{\partial P_i \, \partial P_k} - 2 \frac{l_i}{l_n} \frac{\partial^2 f}{\partial P_n \, \partial P_k} + \frac{l_i \, l_k}{l_n^2} \frac{\partial^2 f}{\partial P_n^2} \right) dP_i \, dP_k > 0 \,. \tag{2.3–18}$$

Um diese quadratische Form in eine symmetrische Form zu bringen, klammert man $l_i l_k$ aus und erhält

$$d^2f = \sum_{i=1}^{n-1} \sum_{k=1}^{n-1} \left(\frac{f_{PiPk}}{l_i l_k} - 2 \frac{f_{PnPk}}{l_n l_k} + \frac{f_{PnPn}}{l_n^2} \right) l_i \, dP_i \, l_k \, dP_k > 0 \,. \tag{2.3–19}$$

In der Praxis kann als allgemein gültig angenommen werden, daß

$$l_i = 1 - \frac{\partial P_V}{\partial P_i} > 0 \tag{2.3–20}$$

ist, da die Netzverluständerung immer kleiner ist als die sie hervorrufende Änderung der einspeisenden Leistungen. Man kann also

$$l_i \, dP_i = d\tilde{P}_i \tag{2.3–21}$$

setzen. Damit die quadratische Form der (2.3–19) positiv definit ist, muß deren Koeffizientenmatrix (2.3–22)

$$\frac{f_{Pi\,Pk}}{l_i \, l_k} - 2 \frac{f_{PnP1}}{l_n l_1} + \frac{f_{PnPn}}{l_n^2} \tag{2.3–22}$$

positiv definit sein, d.h. es müssen alle Hauptabschnittsdeterminanten der Matrix positiv sein (s. Anhang S. 151ff.).

2.3.2. Hinreichende Bedingung unter Vernachlässigung der Netzverluste

Der Nachweis der positiven Definitheit von (2.3–22) ist in dieser allgemeinen Form schwer zu bringen, da dann alle Hauptabschnittsdeterminanten untersucht werden müßten. Damit man aber trotzdem für die Praxis ausreichende Aussagen machen kann, sollen zunächst die Netzverluste vernachlässigt werden; dann werden die Ausdrücke

$$l_i = 1 \quad \text{und} \quad dP_i = d\tilde{P}_i \tag{2.3–23}$$

sowie

$$f_{P_iP_k} = \frac{\partial}{\partial P_k}\left[\frac{dK_i}{dP_i} - \lambda\left(1 - \frac{\partial P_V}{\partial P_i}\right)\right] = \begin{cases} 0 & \text{für } i \neq k \\ \dfrac{d^2 K_i}{dP_i^2} & \text{für } i = k\,, \end{cases} \tag{2.3–24}$$

da K_i nur eine Funktion der jeweils zugehörigen Wirkleistung P_i ist und $\partial P_V/\partial P_i$ verschwindet.

Die Koeffizientenmatrix der quadratischen Form (2.3–19) vereinfacht sich dann zu

$$\begin{bmatrix} \dfrac{d^2K_1}{dP_1^2} + \dfrac{d^2K_n}{dP_n^2} & \dfrac{d^2K_n}{dP_n^2} & \cdots & \dfrac{d^2K_n}{dP_n^2} \\ \dfrac{d^2K_n}{dP_n^2} \;\cdots & \dfrac{d^2K_2}{dP_2^2} + \dfrac{d^2K_n}{dP_n^2} & \cdots & \dfrac{d^2K_n}{dP_n^2} \\ \dfrac{d^2K_n}{dP_n^2} \;\cdots & \dfrac{d^2K_n}{dP_n^2} \;\cdots & \dfrac{d^2K_{n-1}}{dP_{n-1}^2} + & \dfrac{d^2K_n}{dP_n^2} \end{bmatrix} = [B] \tag{2.3–25}$$

Es muß also werden

$$[dp]_t\,[B]\,[dp] > 0\,, \text{für } [dp] \neq 0\,. \tag{2.3–26}$$

In Ungleichung (2.3–26) kann man aber auf Grund der Unabhängigkeit der Komponenten des Vektors [dp] alle Komponenten bis auf eine willkürlich zu Null machen, dann bleibt somit übrig

$$\left(\frac{d^2K_i}{dP_i^2} + \frac{d^2K_n}{dP_n^2}\right)(dP_i)^2 > 0\,. \tag{2.3–27}$$

Damit (2.3–27) positiv bleibt, darf einer der beiden Summanden negativ sein, solange die Summe positiv bleibt. Daraus läßt sich schließen, daß in der Koeffizientenmatrix eine und nur eine zweite Ableitung einer Absolutkostenkurve negativ sein darf. Nimmt man dagegen an, es seien zwei solcher Ableitungen negativ, dann läßt sich durch Umnumerieren immer erreichen, daß diese beiden Ableitungen zusammen ein Hauptdiagonalelement der Matrix (2.3–25) bilden, woraus folgt, daß dann der Ausdruck (2.3–27) negativ würde. Ohne Einschränkung der allgemeinen Gültigkeit kann man also annehmen, daß z.B.

$$\frac{d^2 K_n}{dP_n^2} < 0 \tag{2.3–28}$$

sei. Es müssen dann, damit die quadratische Form positiv definit bleibt, alle Hauptabschnittdeterminanten von (2.3–25) positiv sein. In diesem Fall ist aber leicht zu zeigen, was ohne weiteres genügt, daß die Gesamtdeterminante positiv sein muß, da dann auf Grund der besonderen Form von (2.3–25) auch alle Hauptabschnittdeterminanten positiv sind, denn der Wert der Determinante D ist

$$D = \prod_{i=1}^{n} \frac{d^2 K_i}{dP_i^2} \sum_{i=1}^{n} \frac{1}{d^2 K_i/dP_i^2}, \tag{2.3–29}$$

wie leicht nachgeprüft werden kann. Da nur eine der zweiten Ableitungen negativ sein darf, ist mit (2.3–28)

$$\prod_{i=1}^{n} \frac{d^2 K_i}{dP_i^2} < 0. \tag{2.3–30}$$

Es muß also dann gefordert werden, daß der zweite Faktor in (2.3–29) nämlich

$$\sum_{i=1}^{n} \frac{1}{d^2 K_i/dP_i^2} < 0, \tag{2.3–31}$$

ebenfalls negativ wird, damit das Produkt wieder positiv wird. Der Grenzfall ist sicher der, wenn (2.3–31) zu Null wird, also

$$\sum_{i=1}^{n} \frac{1}{d^2 K_i/dP_i^2} = 0. \tag{2.3–32}$$

Hieraus läßt sich die Grenze für die zugelassene negative Steigung der n-ten Zuwachskostenkurve ermitteln zu

$$-\frac{d^2 K_n}{dP_n^2} < \frac{1}{\sum\limits_{i=1}^{n-1} \frac{1}{d^2 K_i/dP_i^2}} \tag{2.3–33}$$

Hierfür ist auch leicht einzusehen, daß die Determinanten mit $m < (n-1)$ nicht betrachtet zu werden brauchen, da dann die rechte Seite von (2.3–33) sicher größer wird. Das bedeutet aber, daß eine Erhöhung der positiven Glieder der Summe im Nenner der rechten Seite unbedingt eine Verschärfung der Forderung an die linke Seite der Ungleichung (2.3–33) zur Folge hat.

Geometrisch läßt sich (2.3–33) so deuten, daß der Betrag der negativen Steigung der fallenden Zuwachskostenkurve mindestens kleiner sein muß als die mittlere Steigung der Summenzuwachskostenkurve, die sich aus der Kombination aller übrigen Zuwachskostenkurven im Lösungspunkt ergibt.

Der Einfluß der Netzverluste schwächt diese Forderung gewöhnlich etwas ab, denn wenn man die bekannten Verlustformeln zugrundelegt, so sind diese durch Aufsummieren aller kraftwerksanteiligen Netzverluste entstanden, so daß man schreiben kann

$$P_V = \sum_{i=1}^{n} P_{Vi} = \sum_{i=1}^{n} P_i \sum_{k=1}^{n} B_{ik} P_k . \tag{2.3–34}$$

Die anteiligen Netzverluste eines Kraftwerkes sind also

$$P_{Vi} = P_i \sum_{k=1}^{n} B_{ik} P_k . \tag{2.3–35}$$

Durch partielle Differentiation von P_V nach P_i erhält man für die differentiellen Netzverluste

$$\frac{\partial P_V}{\partial P_i} = 2 \sum_{k=1}^{n} B_{ik} P_k . \tag{2.3–36}$$

Mit Hilfe von (2.3–35) kann man aber dann die differentiellen Netzverluste durch die am Kraftwerk anteiligen Netzverluste ausdrücken, und zwar durch

$$\frac{\partial P_V}{\partial P_i} = \frac{2 P_{Vi}}{P_i} . \tag{2.3–37}$$

Wenn man jetzt zu dem System der notwendigen Bedingungen für ein Kostenminimum, dem sogenannten Optimierungsgleichungssystem zurückkehrt, also zu

$$\frac{dK_i}{dP_i} = \lambda \left(1 - \frac{\partial P_V}{\partial P_i}\right) , \tag{2.3–38}$$

so wird mit (2.3–37) daraus

$$\frac{dK_i}{dP_i} \, \frac{1}{1 - 2P_{Vi}/P_i} = \lambda . \tag{2.3–39}$$

Bei positiv ins Netz speisenden Kraftwerken ist P_{Vi} gewöhnlich positiv, so daß, wenn man die linke Seite zu „Ersatzkostenkurven bezogen auf den Abnehmerschwerpunkt“ zusammenfaßt, diese stärker steigend werden. Selbstverständlich ist diese Erklärung des Einflusses der Netzverluste nur als

Plausibilitätserklärung zu werten, da eine Zusammenfassung in dem oben beschriebenen Sinne nicht möglich ist. Dieser Einfluß läßt einmal darauf schließen, daß die Grenze der zugelassenen negativen Steigung der Zuwachskostenkurve des n-ten Kraftwerks sich gewöhnlich etwas vergrößert und ferner, daß auch die erste rein qualitative Aussage, daß nämlich alle übrigen Zuwachskostenkurven in der Umgebung des Lösungspunktes steigend sein müssen, etwas abgeschwächt wird, da deren negative Steigung durch die differentiellen Netzverluste kompensiert werden kann. Gewöhnlich sind diese Einflüsse aber so klein, daß man auf deren Berücksichtigung verzichten kann, vor allem auch darum, weil man sich dann immer auf der sicheren Seite befindet.

2.3.3. Verhalten von λ mit veränderlicher Abnehmersummenleistung

Als hinreichende Bedingung würde (2.3–33) für die Praxis ausreichen. Es hat sich aber herausgestellt, daß für die Ermittlung von Zuwachskostenkurven der Kraftwerke, bei denen eine kraftwerksinterne Optimierung des Zusammenarbeitens der einzelnen Maschinen erforderlich ist, das im folgenden hergeleitete Kriterium von großem Nutzen ist. Dazu ist es notwendig, das Verhalten des Lagrangefaktors λ genauer zu untersuchen. Das System der notwendigen Bedingungen bei nicht vorhandenem Netz lautet

$$\frac{dK_i}{dP_i} = \lambda \text{ und } \sum_{i=1}^{n} P_i = \sum_{r=1}^{m} P_{Lr} . \qquad (2.3\text{–}40)$$

Wenn man jetzt von (2.3–3), wonach die Summe der Abnehmerleistungen konstant sein soll, abgeht und die Lieferungszuwachskosten λ als Funktion der Abnehmersummenleistung

$$\sum_{r=1}^{m} P_{Lr}$$

auffaßt, kann man die ersten n Gleichungen nach λ differenzieren und bekommt

$$\frac{d^2 K_i}{dP_i^2} \quad \frac{dP_i}{d\lambda} = 1 . \qquad (2.3\text{–}41)$$

Jetzt dividiert man alle (2.3–41) durch die jeweils zugehörigen Steigungen der Zuwachskostenkurven und summiert über alle i. Man erhält dann

$$\sum_{i=1}^{n} \frac{dP_i}{d\lambda} = \sum_{i=1}^{n} \frac{1}{d^2 K_i/dP_i^2} . \qquad (2.3\text{–}42)$$

Nach (2.3–40) ist aber

$$\sum_{i=1}^{n} \frac{dP_i}{d\lambda} = \frac{d}{d\lambda} \sum_{i=1}^{n} P_i = \frac{d \sum\limits_{r=1}^{m} P_{Lr}}{d\lambda}. \tag{2.3–43}$$

Der Kehrwert dieses Ausdruckes (2.3–43) gibt dann Auskunft über das Verhalten des Lagrange-Faktors λ, wenn sich die Gesamtheit der Abnehmerleistungen ändert nach

$$\frac{d\lambda}{d \sum\limits_{r=1}^{m} P_{Lr}} = \frac{1}{\sum\limits_{i=1}^{n} \frac{1}{d^2 K_i/dP_i^2}}. \tag{2.3–44}$$

Die Größe λ ist dann steigend, wenn alle Zuwachskostenkurven steigend sind. Wenn aber eine der Zuwachskostenkurven fallend ist, was ja nach (2.3–42) zulässig ist, so fällt auch $\lambda\left(\sum\limits_{r=1}^{m} P_{Lr}\right)$. Aus Ungleichung (2.3–31) folgt ja, daß die rechte Seite von (2.3–44) dann negativ wird. Wenn dagegen die Zuwachskostenkurve des n-ten Kraftwerks noch stärker fällt, so daß ein Sattelpunkt in der Kostenfunktion vorliegt, so wird

$$-\frac{1}{d^2 K_n/dP_n^2} < \sum_{i=1}^{n-1} \frac{1}{d^2 K_i/dP_i^2}, \tag{2.3–45}$$

also auch

$$\frac{d\lambda}{d \sum\limits_{r=1}^{m} P_{Lr}} > 0. \tag{2.3–46}$$

Aus diesem Tatbestand kann man folgendes gut brauchbare Kriterium für ein Kostenminimum ableiten (Bild 2.3–1), wenn bei wachsender Summenleistung

a) die Leistung eines Kraftwerkes steigt und die Leistungen aller anderen Kraftwerke sinken, so liegt ein Minimum vor;

b) die Leistungen eines Kraftwerkes oder eines Teils der Kraftwerke sinken und die Leistungen aller anderen Kraftwerke steigen, so liegt ein Sattelpunkt vor.

Voraussetzung dafür ist, daß nicht alle Zuwachskostenkurven gleichzeitig fallend sind, denn dann hat man es mit einem Maximum zu tun. In Verbindung mit Bild 2.3–1 soll dieses Kriterium an den Beispielen 1 und 2 näher erläutert werden.

Beispiel 1 (Bild 2.3–1a): Wenn man λ um den Betrag $\lambda_2 - \lambda_1$ verkleinert, verkleinern sich ebenfalls die Leistungen P_1 und P_2 um die Beträge ΔP_1 und ΔP_2, während sich die Leistung P_3 um den Betrag ΔP_3 vergrößert. Es ist aber

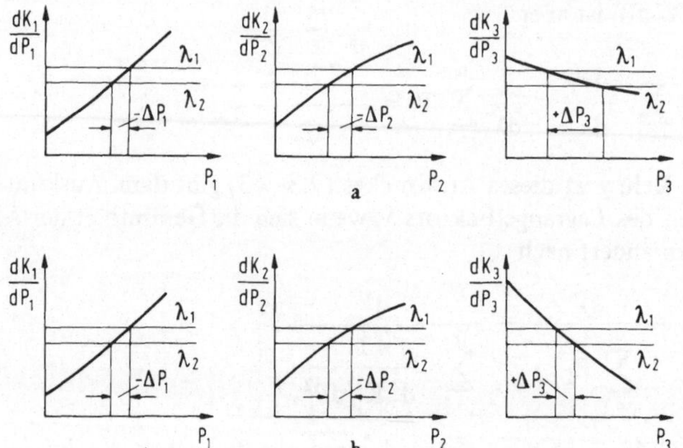

Abb. 2.3–1: Zum Kriterium für ein Kostenminimum, wenn die Zuwachskostenkurve eines Kraftwerkes fallend ist.

$$\Delta P_1 + \Delta P_2 < \Delta P_3 \,, \qquad (2.3\text{–}47)$$

so daß sich die Summenleistung dabei vergrößert hat. In diesem Fall liegt noch ein Minimum der Gesamtkosten vor. Umgekehrt kann man sagen: Wenn bei zunehmender Summenleistung die Leistung des Kraftwerkes mit fallender Zuwachskostenkurve steigt, während die Leistungen der übrigen Kraftwerke sinken, hat man es mit einem Kostenminimum zu tun.

Beispiel 2 (Bild 2.3–1b): Hier ist beim Verkleinern von λ um den gleichen Betrag

$$\Delta P_1 + \Delta P_2 > \Delta P_3 \,, \qquad (2.3\text{–}48)$$

so daß sich die Summenleistung dabei verkleinert hat. In diesem Fall liegt ein Sattelpunkt in der Kostenfläche vor. Umgekehrt gilt: Wenn bei steigender Summenleistung die Leistung des Kraftwerkes mit fallender Kostenkurve abnimmt, während die Leistungen der übrigen Kraftwerke steigen, so hat man es mit einem Sattelpunkt zu tun.

Man kann also allein aus dem Fahrplan der Kraftwerke in Abhängigkeit der Summenleistung entscheiden, ob ein Minimum oder Sattelpunkt der Kostenfläche vorliegt.

2.3.4. Beispiel

Als Beispiel soll die Ermittlung der Gesamtzuwachskostenkurve eines Kraftwerkes mit drei Maschineneinheiten, die untereinander verschieden sind, ermittelt werden (Bild 2.3–2). Diese Kurve setzt voraus, daß alle drei Maschinen eingeschaltet sind. Die Zuwachskostenkurve der Maschine 1 sei mo-

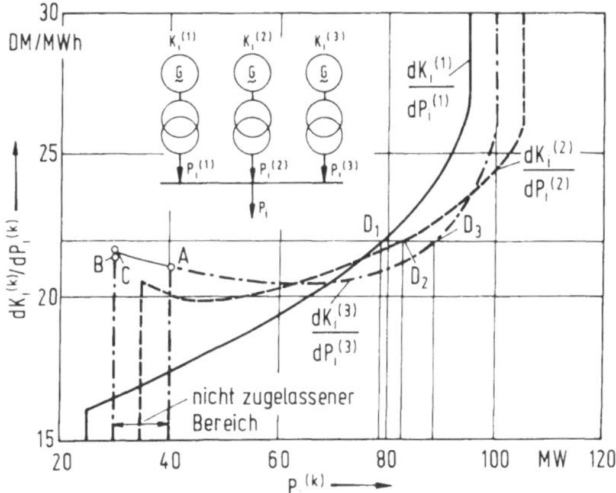

Abb. 2.3–2: Zur Bestimmung einer Gesamtzuwachskostenkurve eines Kraftwerkes mit drei Maschineneinheiten. Zuwachskostenkurven der drei Maschinen.

noton steigend, während diejenigen der Maschinen 2 und 3 anfangs mehr oder weniger stark fallende Bereiche aufweisen. Man geht dann so vor, daß man, wie in Bild 2.3–2 gezeigt, willkürliche waagerechte Schnittlinien – hier bei $d\,K_i^{(k)} / d\,P_i^{(k)} = 22$ – einzeichnet und die Schnittpunkte D_1, D_2 und D_3 mit den Zuwachskostenkurven $d\,K_i^{(1)} / d\,P_i^{(1)}$, $d\,K_i^{(2)} / d\,P_i^{(2)}$ und $d\,K_i^{(3)} / d\,P_i^{(3)}$ der einzelnen Maschinen feststellt. Dann ermittelt man die hierzu gehörenden Wirkleistungen und addiert diese, so daß man die gesamte vom Kraftwerk abgegebene Wirkleistung bekommt.

Jetzt trägt man über der so erhaltenen Gesamtleistung des Kraftwerkes die Teilleistungen der Maschinen auf und erhält, nachdem man genügend

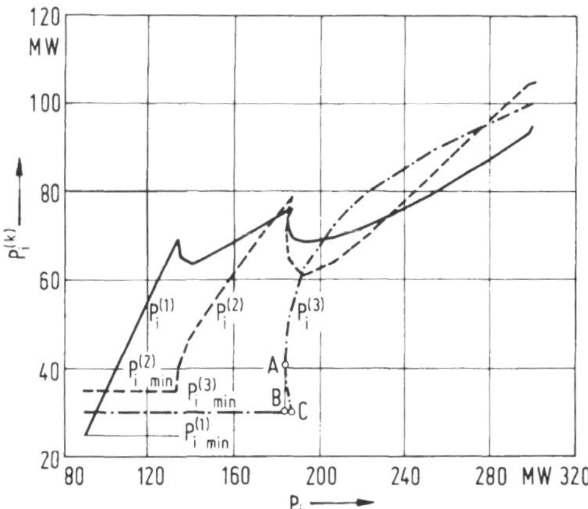

Abb. 2.3–3: Zur Bestimmung einer Gesamtzuwachskostenkurve eines Kraftwerkes mit drei Maschineneinheiten. Die drei Teilleistungen als Funktionen der gesamten abgegebenen Leistung des Kraftwerkes, ermittelt aus den Teilzuwachskostenkurven.

viele solche Punktsysteme konstruiert hat, die Teilleistungen in Abhängigkeit der Gesamtlast des Kraftwerks nach wirtschaftlich optimalen Gesichtspunkten (Bild 2.3–3). Ferner trägt man über der Gesamtlast des Kraftwerkes die jetzt gleichen Zuwachskosten der einzelnen Maschinen auf und bekommt die Gesamtzuwachskostenkurve des Kraftwerks, die in Bild 2.3–4 dargestellt ist. Diese Gesamtzuwachskostenkurve ist selbstverständlich nur

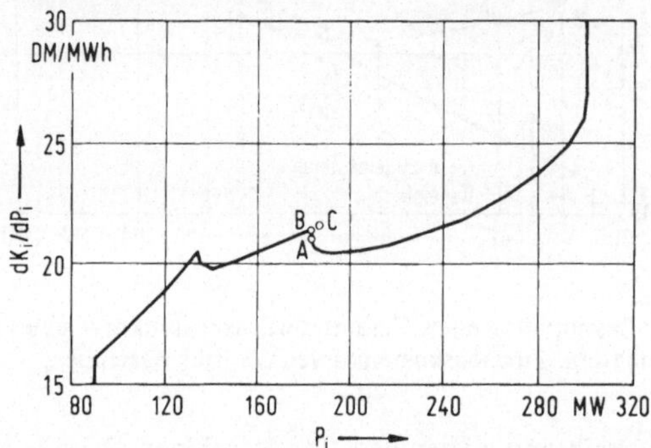

Abb. 2.3–4: Zur Bestimmung einer Gesamtzuwachskostenkurve eines Kraftwerkes mit drei Maschineneinheiten. Gesamtzuwachskostenkurve des Kraftwerkes.

dann gültig, wenn auch die ihr zugrunde gelegte Lastverteilung auf die Maschinen vorgenommen wird.

Nachdem man diesen Rechengang durchgeführt hat, stellt man fest, daß die hinreichende Bedingung für ein Kostenminimum auch in den fallenden Bereichen der Teilzuwachskostenkurven durchweg erfüllt ist, mit Ausnahme in dem in Bild 2.3–2 gekennzeichneten Teil „nicht zugelassener Bereich" der Maschine 3, die deshalb dort nicht gefahren werden darf. Aus den fallenden Bereichen folgt ferner, daß auch die Gesamtzuwachskostenkurve in dem Bereich fällt, wo eine der Maschinen sich auf einem fallenden Bereich seiner Zuwachskostenkurve befindet, wie es die hinreichende Bedingung vorschreibt. Durch den „nicht zugelassenen Bereich" der Maschine 3 entstehen bei der zugehörigen Summenleistung Leistungssprünge in den Teilleistungen.

Wenn man dagegen die hinreichende Bedingung für ein Kostenminimum nicht beachten würde und nach gleichen Zuwachskosten bis zur Minimalleistung der Maschine 3 vom Punkt A (Bild 2.3–3) an zu kleineren Leistungen hin weiterfährt, so ergibt sich, daß die Summenleistung wieder zunimmt, wobei jetzt die Leistungen der Maschinen 1 und 2 ebenfalls steigen, die Leistung der Maschine 3 aber abnimmt. Nach Punkt 2 der hinreichenden Bedingung liegt dann ein Sattelpunkt und kein Minimum in der Kostenfläche vor. Dieser Bereich der Maschine darf darum nicht benutzt werden, solange sie mit den Maschinen 1 und 2 zusammenarbeitet. Andererseits kann man aber auch sagen, daß das Problem in diesem Bereich vom Punkt B und C zweideutig ist, d.h. es gibt hier zu jeder Summenleistung zwei Lastverteilungen, von denen aber immer eine einen Sattelpunkt und die andere ein Minimum liefert, wie in Bild 2.3–3 deutlich zu sehen ist.

In der Gesamtzuwachskostenkurve (Bild 2.3–4) wirkt sich dieser Effekt sehr überraschend aus. Diese Kurve erhält nämlich jetzt im Bereich BC zwei Äste, von denen der eine steigend und der andere fallend ist. Es gehört aber jetzt, ganz im Gegensatz zu den Erwartungen, der fallende Ast zum Kostenminimum, während der steigende Ast mit dem Sattelpunkt verbunden ist. Es ist also hier nur der fallende Bereich zulässig.

Selbstverstäändlich nimmt die Schärfe des Kostenminimums immer mehr ab, je weiter man sich der Grenze der hinreichenden Bedingung nähert, d.h. je mehr die Steigungen der Zuwachskostenkurven gegen Null gehen.

2.4. Berechnung des optimalen thermischen Verbundbetriebs unter Berücksichtigung von physikalischen Grenzbedingungen aus dem Lastfluß; Methode von Carpentier [76], [77]

2.4.1. Festlegung der Nebenbedingungen

Nachdem in Abschn. 2.3 die Ermittlung der differentiellen Verluste (wie sie in den notwendigen Bedingungen für ein Absolutkostenminimum auftreten) die Berechnung einer Funktionalmatrix [J] erfordert, welche auch in der Lastflußrechnung benötigt wird, liegt der Gedanke nicht mehr fern, den Lastfluß mit in die Betrachtung einzubeziehen. Die Berücksichtigung wichtiger physikalischer Grenzbedingungen bereitet dann keine Schwierigkeiten. Eine weitere interessante Erweiterung besteht darin, an jedem Knoten Produktionsleistungen P_i^+, Q_i^+ und Belastungsleistungen P_i^-, Q_i^- zuzulassen. Die Differenzen dieser Leistungen sind die Injektionsleistungen P_i, Q_i. Die Produktionsleistung ist dadurch gekennzeichnet, daß für sie eine Absolut- und Zuwachskostenkurve für die abgegebene Wirkleistung und ferner i.allg. auch Grenzen für Wirk-, Blind- und Scheinleistungen gegeben sind. Die Belastungsleistungen sind als Konstantwerte fest vorgegeben. Damit hat man folgende Injektionsgleichungen, die hier sofort in Form von Nullbedingungen geschrieben werden können, und zwar getrennt für die Wirk- und Blindleistungen

Bedingungen		Lagrange-Tucker-Kuhn-Faktoren
$P_i(\vartheta, V) - P_i^+ + P_i^- = 0$	(2.4–1)	λ_i
$Q_i(\vartheta, V) - Q_i^+ + Q_i^- = 0$	(2.4–2)	μ_i
$i = 1 \ldots n \in \mathscr{K}$		

Hierbei ist $\mathscr{K}$ die Menge aller n Knoten des Netzes. Nun werden nicht an allen Knoten Leistungen P_i^+, Q_i^+ mit Kostenkurven und auch nicht an allen Knoten konstant vorgegebene Leistungen P_i^-, Q_i^- festgelegt. Damit (2.4–1) und (2.4–2) nicht modifiziert werden müssen, werden die betreffenden nicht auftretenden Größen einfach gleich null gesetzt. Darüber hinaus soll definiert werden die Menge $\{ i | P_i^+, Q_i^+ \neq 0 \} = \mathscr{K}_1$ und die Menge $\{ i | P_i^-, Q_i^- \neq 0 \} = \mathscr{K}_2$. Die physikalischen Grenzen der einspeisenden Generatoren schränken deren Leistungen ein. Hierdurch entstehen folgende Ungleichungen in der Form wie sie die Kuhn-Tucker-Methode fordert, nämlich so, daß die linken Seiten der Ungleichungen nicht-positiv sind, wobei S_i^+ die jeweils maximal zulässige Scheinleistung des betreffenden Genera-

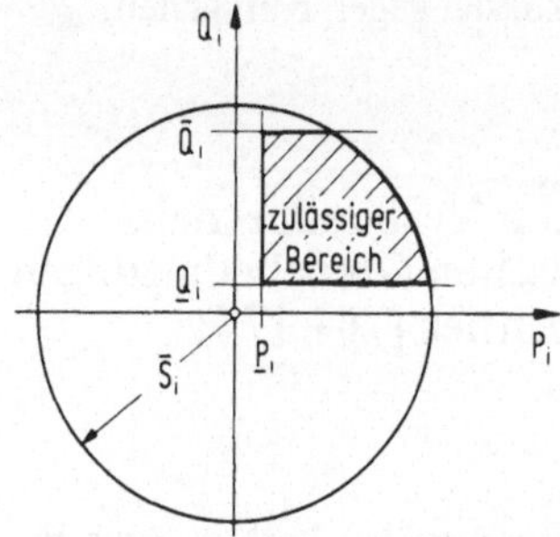

Abb. 2.4–1: Der durch die physikalischen Grenzen eingeschränkte P-Q-Bereich eines Generators (Mengendurchschnitt der durch diese Gleichungen definierten Bereiche)

tors ist. Die Wirk- und Blindleistungsbereiche sind dann, wie in Bild 2.4–1 dargestellt, eingeschränkt. Es sind folgende Beziehungen zu beachten:

Bedingungen		Lagrange-Kuhn-Tucker-Faktoren
${P_i^+}^2 + {Q_i^+}^2 - {\bar{S}_i^+}^2 \leqq 0$	(2.4–3)	$s_i \geqq 0$
$\underline{P}_i^+ - P_i^+ \leqq 0$	(2.4–4)	$p_i \geqq 0$
$Q_i^+ - \bar{Q}_i^+ \leqq 0$	(2.4–5)	$q_i \geqq 0$
$\underline{Q}_i^+ - Q_i^+ \leqq 0$	(2.4–6)	$r_i \geqq 0$
$i \in \mathscr{K}_1 \subseteq \mathscr{K}$		

$\mathscr{K}_1$ ist die Menge aller Knoten, an welchen diese Leistungsbegrenzungen vorgeschrieben sind, das sind die Knoten mit Produktionsleistungen.

Auch im Netz sind physikalische Grenzen zu beachten. Sie wurden in bisherigen Betrachtungen völlig außer acht gelassen. Auch in Lastflußrechnungen werden diese häufig nicht direkt berücksichtigt. Aus Gründen der Isolationsbeanspruchung dürfen die Spannungen an den Knoten gewisse Grenzen nicht überschreiten. Den Abnehmern muß andererseits auch eine gewisse Mindestspannung garantiert werden. Auch die Ströme auf den Leitungen sind begrenzt. Die Rechnung vereinfacht sich wesentlich, wenn nicht die Ströme selbst, sondern die Winkeldifferenzen $|\vartheta_i - \vartheta_k|$ beschränkt werden. Damit ergeben sich folgende Ungleichungen:

Bedingungen	Lagrange-Kuhn-Tucker-Faktoren
$V_i - \overline{V}_i \leqq 0$ (2.4–7)	$u_i \geqq 0$,
$\underline{V}_i - V_i \leqq 0$ (2.4–8)	$v_i \geqq 0$,
$i \in \mathcal{K}_1 \subset \mathcal{K},$	
$\vartheta_i - \vartheta_k - T_{ik} \leqq 0$ (2.4–9)	$t_{ik} \geqq 0$,
$T_{ik} = T_{ki}$; $T_{ii} = 0$,	
$(i, k) \in \mathcal{L}$.	

Hierbei ist $\mathcal{K}_3$ die Menge aller Knoten, an welchen Spannungsbegrenzungen vorgeschrieben sind, und $\mathcal{L}$ die Menge derjenigen Knotenpaare (i, k), zwischen welchen der Strombetrag begrenzt werden soll und stattdessen näherungsweise die Winkeldifferenz $\vartheta_i - \vartheta_k$ dem Betrage nach begrenzt wird.

2.4.2. Zielfunktion und Aufstellung der Lagrange-Funktion

Unter diesen Gleichungs- und Ungleichungsnebenbedingungen soll die Zielfunktion, dargestellt durch die Summe der Erzeugungskosten der elektrischen Energie, in den einzelnen Kraftwerken minimal werden, also

$$K = \sum_{i \in \mathcal{K}_1} K_i = \sum_{i \in \mathcal{K}_1} F_i(P_i^+) \doteq \text{Min.} \qquad (2.4\text{–}10)$$

Unter den gemachten Voraussetzungen läßt sich jetzt die Lagrange-Funktion aufstellen

$$\Phi(P_i^+, Q_i^+, V_i, \vartheta_i; \lambda_i, \mu_i, s_i, p_i, q_i, r_i, u_i, v_i, t_{ik}) =$$

$$= \sum_{i \in \mathcal{K}_1} F_i(P_i) + \sum_{i \in \mathcal{K}} [\lambda_i (P_i(\vartheta, V) - P_i^+ + P_i^-) + \qquad (2.4\text{–}11)$$

$$+ \mu_i (Q_i(\vartheta, V) - Q_i^+ + Q_i^-)] +$$

$$\sum_{i \in \mathcal{H}_1} [s_i (P_i^{+^2} + Q_i^{+^2} - \overline{S}_i^{+2}) + p_i (\underline{P}_i^+ - P_i^+) +$$

$$+ q_i (Q_i^+ - \overline{Q}_i^+) - r_i (Q_i^+ - \underline{Q}_i^+)] +$$

$$+ \sum_{i \in \mathscr{K}_3} [u_i (V_i - \bar{V}_i) - v_i (V_i - \underline{V}_i)] +$$

$$+ \sum_{(i,k) \in \mathcal{L}} t_{ik} (\vartheta_i - \vartheta_k - T_{ik}) .$$

2.4.3. Die notwendigen Bedingungen

Notwendige Bedingungen für ein Minimum der Zielfunktion (2.4–10) unter den Nebenbedingungen (2.4–1) bis (2.4–9) erhält man, wenn man nach allen freien Veränderlichen P_i^+, Q_i^+, V_i, ϑ_i partiell differenziert und diese Ableitungen gleich null setzt. Man erhält beim Differenzieren nach den sog. Produktionswirkleistungen P_i^+ $(i \in \mathscr{K}_1)$, für welche Absolutkosten $F_i(P_i^+)$ gegeben sind:

$$\frac{\partial \Phi}{\partial P_i^+} = \frac{d F_i (P_i^+)}{d P_i^+} - \lambda_i + 2 s_i P_i^+ - p_i = 0 , \quad i \in \mathscr{K}_1 . \tag{2.4–12}$$

Entsprechend erhält man für die Produktionsblindleistungen Q_i $(i \in \mathscr{K}_1)$

$$\frac{\partial \Phi}{\partial Q_i^+} = - \mu_i + 2 s_i Q_i^+ + q_i - r_i = 0 , \quad i \in \mathscr{K}_1 . \tag{2.4–13}$$

Die partiellen Ableitungen nach den Spannungswinkeln an den Knoten müssen für alle Knoten berücksichtigt werden. Man erhält

$$\frac{\partial \Phi}{\partial \vartheta_i} = \sum_{\nu \in \mathscr{K}} \lambda_\nu \frac{\partial P_\nu}{\partial \vartheta_i} + \sum_{\nu \in \mathscr{K}} \mu_\nu \frac{\partial Q_\nu}{\partial \vartheta_i} + \sum_{(i,\nu) \in \mathcal{L}_i} (t_{i\nu} - t_{\nu i}) = 0 , \tag{2.4–14}$$

$$i \in \mathscr{K}.$$

Hierbei ist $\mathcal{L}_i$ die Menge derjenigen Knotenpaare, denen Zweige (Leitungen, Transformatoren) entsprechen, die mit dem i-ten Knoten verbunden sind.

Partielle Differentiation nach den Beträgen der Spannungen, die ebenfalls für alle Knoten berücksichtigt werden müssen, führt zu

$$\frac{\partial \Phi}{\partial V_i} = \sum_{\nu \in \mathscr{K}} \lambda_\nu \frac{\partial P_\nu}{\partial V_i} + \sum_{\nu \in \mathscr{K}} \mu_\nu \frac{\partial Q_\nu}{\partial V_i} + u_i - v_i = 0, \; i \in \mathscr{K}. \tag{2.4–15}$$

Die in (2.4–14) und (2.4–15) auftretenden partiellen Ableitungen sind Elemente der schon in Abschn. 2.3 entwickelten Funktionalmatrix [J] (Jacobi-Matrix), wie sie in (2.3–2) definiert ist.

Die folgenden Ausschließungsbedingungen sorgen dafür, daß, falls eine Unbekannte an eine ihrer Grenzen stößt, sofort die entsprechende Dualvariable (Lagrange-Kuhn-Tucker-Faktor) positiv und damit unbekannt wird. Die Ausschließungsbedingungen lauten:

$$\lambda_i \left(P_i (\vartheta, V) - P_i^+ + P_i^-\right) = 0\,, \qquad (2.4\text{--}16)$$

$$\mu_i \left(Q_i (\vartheta, V) - Q_i^+ + Q_i^-\right) = 0\,, \qquad (2.4\text{--}17)$$

$$s_i \left(P_i^{+2} + Q_i^{+2} - S_i^2\right) = 0\,, \qquad (2.4\text{--}18)$$

$$p_i \left(\underline{P}_i^+ - P_i^+\right) = 0\,, \qquad (2.4\text{--}19)$$

$$q_i \left(Q_i^+ - \bar{Q}_i^+\right) = 0\,, \qquad (2.4\text{--}20)$$

$$r_i \left(\underline{Q}_i^+ - Q_i^+\right) = 0\,, \qquad (2.4\text{--}21)$$

$$u_i \left(V_i - \bar{V}_i\right) = 0\,, \qquad (2.4\text{--}22)$$

$$v_i \left(\underline{V}_i - V_i\right) = 0\,, \qquad (2.4\text{--}23)$$

$$t_{ik} \left(\vartheta_i - \vartheta_k - T_{ik}\right) = 0\,. \qquad (2.4\text{--}24)$$

2.4.4. Bedeutung der Dualvariablen

Die Lagrange-Kuhn-Tucker-Faktoren, auch Dualvariable genannt, sind hier nicht abstrakte Rechengrößen, sondern sie haben eine für Betrachtungen unter den wirtschaftlich optimalen Bedingungen durchaus signifikante Bedeutung. Sie sind nämlich differentielle Kosten, die sich ergeben, wenn man ihre entsprechenden zugeordneten Variablen verändert. Hierzu sei (2.4–11) total differenziert. Für das totale Differential $d\Phi$ ergibt sich dann (man beachte, daß hierbei konstante Größen herausfallen):

$$d\Phi = d\left(\sum_i F_i\right) + \sum_i \lambda_i\, d\left(P_i - P_i^+\right) + \sum_i u_i\, d\left(Q_i - Q_i^+\right) +$$

$$+ \sum_i s_i\, d\left(P_i^{+2} + Q_i^{+2}\right) + \sum_i p_i\, dP_i^+ + \sum_i (q_i - r_i)\, dQ_i^+ +$$

$$+ \sum_i (u_i - v_i)\, dV_i + \sum_{(i,k)} t_{ik}\, d\left(\vartheta_i - \vartheta_k\right) = 0. \qquad (2.4\text{--}25)$$

Diese Gleichung, die in Umgebung des Optimums gilt, kann herangezogen werden, die Bedeutung der Dualvariablen zu erklären. Verändert man einerseits nur $d\,(P_i - P_i^+) = -\,d\,P_i^-$ und läßt man die übrigen freien Veränderlichen konstant, so führt dies zu einer Veränderung von $d(\sum_i F_i) = dK$. Hieraus ergibt sich

$$d\left(\sum_i F_i\right) + \lambda_i\, d\,(P_i - P_i^+) = 0 \tag{2.4–26}$$

oder

$$dK - \lambda_i\, dP_i^- = 0\,, \tag{2.4–27}$$

woraus folgt

$$\lambda_i = \frac{\partial K}{\partial P_i^-}\,. \tag{2.4–28}$$

Nachdem die freien Veränderlichen durch das Optimum festgelegt wurden, sind hier und im folgenden die Konstanten und Grenzgrößen variiert. Somit sind die λ_i die differentiellen Kosten, wenn die Belastungsleistungen P_i^- verändert werden. In ähnlicher Weise erhält man für die Veränderung der Belastungsblindleistungen Q_i^-

$$\mu_i = \frac{\partial K}{\partial Q_i^-} \tag{2.4–29}$$

und schließlich

$$s_i = -\,\frac{\partial K}{\partial (S_i^2)} \geqq 0\,, \tag{2.4–30}$$

$$p_i = +\,\frac{\partial K}{\partial P_i^+} \geqq 0\,, \tag{2.4–31}$$

$$q_i = -\,\frac{\partial K}{\partial Q_i^+} \geqq 0\,, \tag{2.4–32}$$

$$r_i = +\,\frac{\partial K}{\partial Q_i^+} \geqq 0\,, \tag{2.4–33}$$

$$u_i = -\,\frac{\partial K}{\partial V_i} \geqq 0\,, \tag{2.4–34}$$

$$v_i = +\,\frac{\partial K}{\partial V_i} \geqq 0\,, \tag{2.4–35}$$

$$t_{ik} = -\,\frac{\partial K}{\partial T_{ik}} \geqq 0\,. \tag{2.4–36}$$

Jede Einengung der zugelassenen Bereiche führt offensichtlich i.allg. zu einer Kostenvergrößerung, eine Erweiterung zu einer Kostenverringerung, u.U. bleiben die Kosten auch konstant. Eine übermäßige Einschränkung der Veränderlichen sollte man – und zwar nicht allein aus Kostengründen – vermeiden, da man sehr bald zu einer Problemstellung kommen kann, die keine Lösung hat. So benötigt man zur Übertragung einer Wirkleistung über eine Leitung einen bestimmten Winkelspielraum für die Winkeldifferenz $|\vartheta_i - \vartheta_k|$.

Wird die Übertragung trotzdem gefordert, so kann diese nicht stattfinden, wenn die Winkeldifferenz eingeschränkt ist. Das Übertragungssystem muß in diesem Fall z.B. durch eine Doppelleitung oder Übergang zu einer höheren Spannung ertüchtigt werden. Zur Übertragung größerer induktiver Blindleistungen benötigt man in der Regel ein bestimmtes Spannungsgefälle. Sind die Spannungsgrenzen so gewählt, daß dieses Spannungsgefälle nicht möglich ist, so kann diese Blindleistung nicht übertragen werden.

2.4.5. Auflösung der Gleichungen

Die notwendigen Bedingungen (2.4–12) bis (2.4–15) stellen ein System von nichtlinearen Gleichungen dar, die durch einen Ansatz für kleine Änderungen der Unbekannten linearisiert werden können. Diese Unbekannten sind zunächst primär die Produktionsleistungen P_i^+ und Q_i^+, aus welchen über die Gleichungen (2.4–1) und (2.4–2) auch die Injektionsleistungen P_i und Q_i folgen, da die Belastungsleistungen P_i^- und Q_i^- bekannt sind. Hierzu werden im ersten Iterationsschritt die Größen V_i, ϑ_i, λ_i und μ_i so angenommen, daß sie in einem vernünftigen geschätzten Bereich liegen. Sind dann P_i und Q_i bekannt, so liefert eine Lastflußrechnung mit Hilfe der Jacobi-Matrix [J] verbesserte Werte für V_i und ϑ_i. Im ersten Schritt werden ferner auch die Dualvariablen s_i, p_i, q_i, u_i, v_i und t_{ik} gleich null gesetzt. Diese Variablen können im Verlauf der weiteren Rechnung erst dann positiv werden, wenn die entsprechenden Ungleichungsbedingungen verletzt werden. Ein Zurückführen auf die Grenze führt dazu, daß der jeweils zweite Faktor in (2.4–18) bis (2.4–24) null wird. Auf diese Weise werden die Dualvariablen unbekannt. Die Gesamtzahl der Unbekannten ändert sich dann trotzdem nicht, da die Variablen, die an die Grenze gestoßen sind, fortan bekannt sind. Erst wenn die betreffende Dualvariable wieder einmal null wird, wird die Variable aus dem zweiten Faktor von (2.4–18) bis (2.4–24) unbekannt.

In Arbeiten von Dommel und Tinney [81] einerseits und Shen und Laughton [119] andererseits wurde die Methode von Carpentier [75] bis [77] durch Anwendung modernerer Hilfsmittel der nichtlinearen Programmierung weiter verbessert. Insbesondere wurde der Lastfluß in die nichtlineare Programmierung miteinbezogen.

2.5. Eine Formel für Wirk- und Blindverluste

2.5.1. Berechnung der Stromverteilung im Netz

Die im Abschn. 2.2.3. angesetzte Netzverlustformel stellt sich dar als lineare Approximation der Verluste in den Wirk- und Blindleistungen in der Umgebung eines Bezugslastfalles. Je weiter man sich also von ihm entfernt, umso weniger genau wird diese Verlustdarstellung. In diesem Abschnitt soll nun eine anders geartete Verlustformel beschrieben werden, die die wesentlichen Schwächen der bisherigen Formel nicht enthält, keinen wesentlichen Mehraufwand in der Optimierung mit sich bringt, eine Blindleistungsoptimierung ebenfalls ermöglicht und über den ganzen Lastbereich unabhängig von Bezugslastfällen ihre Genauigkeit beibehält.

Für jedes Energieübertragungsnetz läßt sich entsprechend der Topologie die Abhängigkeit der Einspeiseströme von den Zweigströmen durch

$$\begin{bmatrix} [Z_1] & [Z_2] \\ [C_1] & [C_2] \end{bmatrix} \begin{bmatrix} [i_1] \\ [i_2] \end{bmatrix} = \begin{bmatrix} [0] \\ [i^e] \end{bmatrix} \tag{2.5–1}$$

beschreiben. Hierin bedeuten $[Z_1]$ eine quadratische und $[Z_2]$ eine gewöhnlich rechteckige Impedanzmatrix, $[C_1]$ eine gewöhnlich rechteckige und $[C_2]$ eine quadratische Knoten-Zweig-Inzidenzmatrix. $[i_1]$ und $[i_2]$ stellen zusammen den Vektor der Zweigströme und $[i^e]$ den Vektor der Einspeiseströme dar. Die Impedanzmatrizen resultieren aus den Maschenumlaufspannungen und die Inzidenzmatrizen aus den Knotenpunktsstrombilanzen. Hierbei werden die Ladeleistungen der Leitungen zu den Knotenpunktsleistungen addiert.

Um diese Ausgangsbeziehung näher zu erläutern, soll das Bild 2.5–1 betrachtet werden. Das dort dargestellte Netz enthält drei Maschen und acht

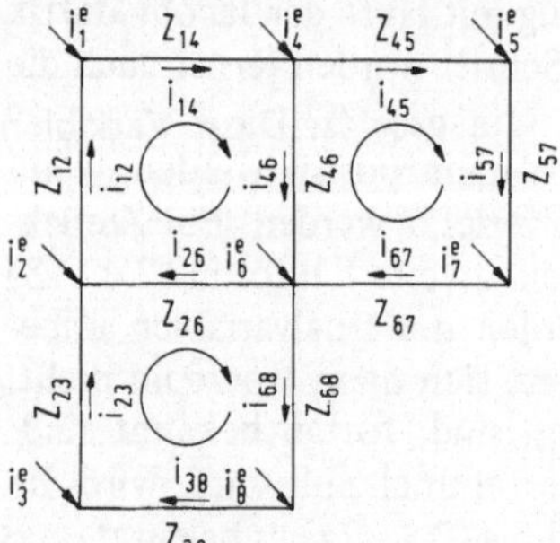

Abb. 2.5–1: Netzbeispiel für die Ableitung der Netzverlustformel für Wirk- und Blindverluste

Knotenpunkte. Wenn man hieraus die Maschenumlaufspannungen bildet, erhält man die Gleichungen

$$\begin{aligned} z_{14} i_{14} + z_{46} i_{46} + z_{26} i_{26} + z_{12} i_{12} &= 0 \\ z_{45} i_{45} + z_{57} i_{57} + z_{67} i_{67} - z_{46} i_{46} &= 0 \\ z_{68} i_{68} + z_{38} i_{38} + z_{23} i_{23} - z_{26} i_{26} &= 0\,. \end{aligned} \tag{2.5–1a}$$

aus denen die Impedanzmatrizen $[Z]_1$ und $[Z]_2$ resultieren. Für die Ermittlung der Inzidenzmatrizen $[C]_1$ und $[C]_2$ sind die Kirchhoffschen Knotenpunktsgleichungen heranzuziehen. Hierbei muß ein Knotenpunkt freibleiben, da das System sonst überbestimmt wäre, denn es gilt die zusätzliche Bedingung, daß die Summe der einspeisenden Ströme verschwinden muß. Hierfür wählt man zweckmäßig einen solchen Knotenpunkt aus, den man bei einer Lastflußrechnung als sogenannten Slackknoten nehmen würde [20]. Die Knotenpunktsgleichungen lauten dann

$$\begin{aligned}
i_{45} + i_{46} - i_{14} &= i_4^e\,,\\
i_{57} - i_{45} &= i_5^e\,,\\
i_{67} - i_{57} &= i_7^e\,,\\
i_{26} - i_{46} - i_{67} + i_{68} &= i_6^e\,,\\
i_{38} - i_{68} &= i_8^e\,,\\
i_{23} - i_{38} &= i_3^e\,,\\
i_{12} - i_{26} - i_{23} &= i_2^e\,.
\end{aligned} \tag{2.5-1b}$$

Aus (2.5–1a) und (2.5–1b) resultiert direkt für dieses Netzbeispiel eine Matrizendarstellung entsprechend (2.5–1).

Um die Abhängigkeit der Zweigströme von den Einspeiseströmen zu erhalten, ist die gemischte Matrix aus (2.5–1) zu invertieren. Zweckmäßig führt man die Inversion in Form zweier aufeinander folgender Variablentauschoperationen durch. Diese sollen hier aber nicht näher erläutert werden [20]. Ganz allgemein kann man sagen, daß aus dieser Inversion das komplexe Gleichungssystem

$$[A]\,[i^e] = [i] \tag{2.5-2}$$

folgt, dessen Elemente der Matrix [A] im folgenden mit a_{ik} bezeichnet werden sollen.

2.5.2. Berechnung der Leistungsverluste

Nun ist für die Berechnung der Übertragungsverluste einer Leitung das Quadrat des Strombetrages erforderlich. Dieses ist

$$|i|^2 = i\,i^*. \tag{2.5-3}$$

Nach (2.5–2) errechnet sich aber der Strom einer Leitung in Abhängigkeit der Einspeiseströme aus

$$i_j = \sum_{k=1}^{S} (a_{jk}\, i_k^e) = [a]_j\, [i^e] \tag{2.5–4}$$

Hierin bedeuten S die Anzahl der Knotenpunkte, $[a]_j$. der j-te Zeilenvektor der Matrix $[A]$, und i_j der j-te Strom des Zweigstromvektors. Wenn man (2.5–4) in (2.5–3) einsetzt, so erhält man

$$|i_j|^2 = [a]_j\, [i^e]\, ([a]_j\, [i^e])^* . \tag{2.5–5}$$

In diesem Ausdruck führt man besser folgende Vertauschung der Faktoren durch:

$$|i_j|^2 = [i^e]_t\, [a]_{jt}\, [a^*]_j\, [i^{e*}] . \tag{2.5–6}$$

Dieser Ausdruck stellt eine sog. hermitesche Form dar, als komplexe Verallgemeinerung einer quadratischen Form. Wenn man die hermitesche Matrix mit

$$[a]_{jt}\, [a^*]_j = [\bar{A}']_j + j\, [\bar{A}'']_j \tag{2.5–7}$$

bezeichnet, so wird aus (2.5–6)

$$|i_j|^2 = [i^{e'}]_t\, [\bar{A}']_j\, [i^{e'}] + [i^{e''}]_t\, [\bar{A}']_j\, [i^{e''}] - 2\, [i^{e'}]_t\, [\bar{A}'']_j\, [i^{e''}] . \tag{2.5–8}$$

Die Übertragungsverluste der j-ten Leistung sind dann

$$\begin{aligned} P_{Vj} = |i_j|^2\, r_j = [i^{e'}]_t\, [\bar{A}']_j\, r_j\, [i^{e'}] + [i^{e''}]_t\, [\bar{A}']_j\, r_j\, [i^{e''}] - \\ - 2\, [i^{e'}]_t\, [\bar{A}'']_j\, r_j\, [i^{e''}] . \end{aligned} \tag{2.5–9}$$

Durch Aufsummieren der Verluste aller einzelnen Leitungen erhält man die gesamten Netzverluste

$$\begin{aligned} P_V = \sum_{j=1}^{M} P_{Vj} = [i^{e'}]_t \left(\sum_{j=1}^{M} [\bar{A}']_j\, r_j \right) [i^{e'}] + \\ + [i^{e''}]_t \left(\sum_{j=1}^{M} [\bar{A}']_j\, r_j \right) [i^{e''}] - 2\, [i^{e'}]_t \left(\sum_{j=1}^{M} [\bar{A}'']_j\, r_j \right) [i^{e''}] . \end{aligned} \tag{2.5–10}$$

Entsprechend sind die Blindverluste

$$Q_V = \sum_{j=1}^{M} Q_{Vj} = [i^{e'}]_t \left(\sum_{j=1}^{M} [\bar{A}_j']\, x_j \right) [i^{e'}] + \tag{2.5–11}$$

$$+ [i^{e''}]_t \left(\sum_{j=1}^{M} [\bar{A}']_j\, x_j \right) [i^{e''}] - 2\, [i^{e'}]_t \left(\sum_{j=1}^{M} [\bar{A}'']_j\, x_j \right) [i^{e''}] . \quad (2.5\text{–}11)$$

Mit den Abkürzungen

$$\sum_{j=1}^{M} [\bar{A}']\, r_j = [\bar{\bar{W}}] \; ; \quad \sum_{j=1}^{M} [\bar{A}']_j\, x_j = [\bar{\bar{B}}] ,$$

$$2 \sum_{j=1}^{M} [\bar{A}'']_j\, r_j = [\bar{\bar{W}}]_J ; \quad 2 \sum_{j=1}^{M} [\bar{A}'']_j\, x_j = [\bar{\bar{B}}]_J$$

vereinfachen sich diese Formen zu

$$\begin{aligned} P_V &= [i^{e'}]_t\, [\bar{\bar{W}}]\, [i^{e'}] + [i^{e''}]_t\, [\bar{\bar{W}}]\, [i^{e''}] - [i^{e'}]_t\, [\bar{\bar{W}}]_J\, [i^{e''}] , \\ Q_V &= [i^{e'}]_t\, [\bar{\bar{B}}]\, [i^{e'}] + [i^{e''}]_t\, [\bar{\bar{B}}]\, [i^{e''}] - [i^{e'}]_t\, [\bar{\bar{B}}]_J\, [i^{e''}] . \end{aligned} \quad (2.5\text{–}12)$$

Alle bis jetzt aufgetretenen Ströme lassen sich hinsichtlich Real- und Imaginärteil auf eine willkürlich wählbare Spannungsrichtung beziehen. Es ist nun sinnvoll, die Richtung der Spannung am Slackpunkt zu nehmen, der bei der Aufstellung der Knotenpunktsgleichungen ausgeklammert wurde. Um nun die Einspeiseströme auf die Spannungen an den zugehörigen Knoten beziehen zu können, mit dem Ziel auf die Einspeisewirk- und -blindleistungen übergehen zu können, müssen die Winkelverschiebungen zwischen den einzelnen Spannungen an den Knotenpunkten und dem Slackpunkt berücksichtigt werden (Bild 2.5–2).

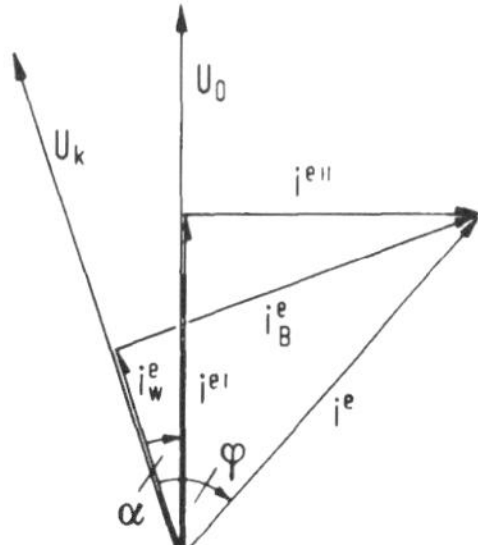

Abb. 2.5–2: Umbeziehung der Einspeiseströme von der Bezugsspannung auf die einzelnen Knotenpunktsspannungen

Wenn man die Strombeziehungen aus Bild 2.5–2 in die Formeln einsetzt, so erhält man

$$
\begin{aligned}
P_V = {} & [i^e_W \cos\alpha + i^e_B \sin\alpha]_t\, [\bar{W}]\, [i^e_W \cos\alpha + i^e_B \sin\alpha] + \\
& + [i^e_B \cos\alpha - i^e_W \sin\alpha]_t\, [\bar{W}]\, [i^e_B \cos\alpha - i^e_W \sin\alpha] - \\
& - [i^e_W \cos\alpha + i^e_B \sin\alpha]_t\, [\bar{W}]_j [i^e_B \cos\alpha - i^e_W \sin\alpha]\,, \\
Q_V = {} & [i^e_W \cos\alpha + i^e_B \sin\alpha]_t\, [\bar{B}]\, [i^e_W \cos\alpha + i^e_B \sin\alpha] + \\
& + [i^e_B \cos\alpha - i^e_W \sin\alpha]_t\, [\bar{B}]\, [i^e_B \cos\alpha - i^e_W \sin\alpha] - \\
& - [i^e_W \cos\alpha + i^e_B \sin\alpha]_t\, [\bar{B}]_J\, [i^e_B \cos\alpha - i^e_W \sin\alpha].
\end{aligned}
\qquad (2.5\text{–}13)
$$

Die Auswertung einer solch umfangreichen Verlustformel ist für die praktische Berechnung mit vertretbarem Aufwand nicht möglich. Nun enthält sie aber eine ganze Reihe von Termen, die nur unwesentliche Beiträge zu den Gesamtverlusten liefern, so daß man sie vernachlässigen kann. Hierzu gehören zunächst einmal alle Terme, welche die Matrizen $[\bar{W}]_J$ und $[\bar{B}]_J$ enthalten, denn in der Praxis sind die Elemente von $[\bar{W}]_J$ und $[\bar{B}]_J$ immer hinreichend klein gegenüber den Elementen von $[\bar{W}]$ und $[\bar{B}]$. Man kann ferner in einem Bereich des Winkels α von -10° bis $+10^\circ$ mit genügender Genauigkeit $\cos\,\alpha \approx 1$ und $\sin\,\alpha \approx \alpha$ setzen. Da andererseits aber α sehr klein ist gegenüber 1, sind auch die Terme, welche Produkte $\alpha_i\,\alpha_k$ enthalten, sehr klein und vernachlässigbar. Damit vereinfacht sich die Verlustformel auf die Form

$$
\begin{aligned}
P_V = {} & [i^e_W]_t\, [\bar{W}]\, [i^e_W] + [i^e_W]_t\, [\bar{W}]\, [i^e_B \alpha] + [i^e_B \alpha]_t\, [\bar{W}]\, [i^e_W] + \\
& + [i^e_B]_t\, [\bar{W}]\, [i^e_B] - [i^e_B]_t\, [\bar{W}]\, [i^e_W \alpha] - [i^e_W \alpha]_t\, [\bar{W}]\, [i^e_B]\,, \\
Q_V = {} & [i^e_W]_t\, [\bar{B}]\, [i^e_W] + [i^e_W]_t\, [\bar{B}]\, [i^e_B \alpha] + [i^e_B \alpha]_t\, [\bar{B}]\, [i^e_W] + \\
& + [i^e_B]_t\, [\bar{B}]\, [i^e_B] - [i^e_B]_t\, [\bar{B}]\, [i^e_W \alpha] - [i^e_W \alpha]_t\, [B]\, [i^e_B]\,.
\end{aligned}
\qquad (2.5\text{–}14)
$$

Aber auch diese Form ist für einen praktischen Gebrauch noch recht unhandlich, und es soll darum untersucht werden, wie groß der Einfluß der jetzt noch linear von α abhängigen Glieder dieser Form ist. Wenn man diese Terme ausmultipliziert und etwas umformt, so bekommt man

$$
\begin{aligned}
& [i^e_W]_t\, [\bar{W}]\, [i^e_B \alpha] + [i^e_B \alpha]_t\, [\bar{W}]\, [i^e_W] - [i^e_B]_t\, [\bar{W}]\, [i^e_W \alpha] - [i^e_W \alpha]_t\, [\bar{W}]\, [i^e_B] = \\
& = 0 + |i^e_1|\,|i^e_2| \sin(\varphi_1 - \varphi_2)\, w_{12}\, (\alpha_1 - \alpha_2) + \ldots + |i^e_1|\,|i^e_S| \sin(\varphi_1 - \varphi_S)\, w_{1S}(\alpha_1 - \alpha_S) + \\
& \quad + \qquad 0 \qquad + \ldots + |i^e_2|\,|i^e_S| \sin(\varphi_2 - \varphi_S)\, w_{2S}(\alpha_2 - \alpha_S) + \\
& \qquad\qquad\qquad + \quad 0\,.
\end{aligned}
\qquad (2.5\text{–}15)
$$

Entsprechendes gilt für diese Terme aus der Formel für die Blindverluste. Dieser Ausdruck liefert sicher auch nur einen gegenüber den übrigen Termen der Verlustformel sehr kleinen Beitrag, denn erstens verschwinden alle Glieder, die aus den Hauptdiagonalelementen hervorgehen, zweitens sind die Winkeldifferenzen zwischen den Spannungen klein und drittens sind die von den Wirk- und Blindleistungen herrührenden Anteile normalerweise ebenfalls sehr klein, denn sie würden z.B. verschwinden, wenn die Leistungsfaktoren cos φ überall gleich wären.

Eine weitere Vereinfachung der Verlustformel läßt sich ohne wesentliche Beeinträchtigung der Genauigkeit dadurch erreichen, wenn man auf die Knotenpunktswirk- und -blindleistungen übergeht, die Spannungsschwankungen mit veränderlicher Last an jedem Knotenpunkt vernachlässigt und in die Formeln die über die Zeit gesehen mittleren Spannungen einführt. Diese lassen sich dann in die Verlustmatrizen $[\bar{W}]$ und $[\bar{B}]$ einbeziehen. Wenn man die so ergänzten Matrizen mit [W] und [B] bezeichnet, so erhält man die endgültigen Verlustformeln für die Wirk- und Blindverluste zu

$$\begin{aligned} P_V &= [p]_t\,[W]\,[p] + [q]_t\,[W]\,[q]\,, \\ Q_V &= [p]_t\,[B]\,[p] + [q]_t\,[B]\,[q] \end{aligned} \qquad (2.5\text{–}16)$$

mit den Matrizen

$$[W] = \begin{bmatrix} \dfrac{w_{11}}{U_1^2} & \cdots & \dfrac{w_{1s}}{U_1\,U_s} \\ \vdots & & \vdots \\ \dfrac{w_{1s}}{U_1\,U_s} & \cdots & \dfrac{w_{ss}}{U_s^2} \end{bmatrix}, \qquad (2.5\text{–}17)$$

$$[B] = \begin{bmatrix} \dfrac{b_{11}}{U_1^2} & \cdots & \dfrac{b_{1s}}{U_1\,U_s} \\ \vdots & & \vdots \\ \dfrac{b_{1s}}{U_1\,U_s} & \cdots & \dfrac{b_{ss}}{U_s^2} \end{bmatrix}.$$

Bei nicht allzu ausgedehnten Netzen ist der Fehler dieser Verlustdarstellung kaum größer als etwa 1%, so daß sie für fast alle praktischen Anwendungen hinreicht.

2.6. Notwendige Bedingungen für ein Kostenoptimum Berücksichtigung der Blindleistungseinspeisungen

Wenn man mit Hilfe der im Abschn. 2.5 hergeleiteten Verlustformel die Leistungseinspeisungen in einem Netz optimieren will, so muß man die Formulierung der Aufgabe gegenüber der im Abschn. 2.2 dargestellten etwas abändern. Die wesentliche Änderung besteht darin, daß man den Slackknotenpunkt gesondert zu betrachten hat. Die Minimalforderung lautet dann

$$\sum_{s}^{S} K_s(P_s) + K_0(P_0) = \text{Min} \tag{2.6–1}$$

mit den Nebenbedingungen

$$P_0 + \sum_{s}^{S} P_s - P_V(P_1, \ldots P_S; Q_1, \ldots Q_S) = \sum_{r}^{R} P_{Lr}, \tag{2.6–2}$$

$$Q_0 + \sum_{s}^{S} Q_s - Q_V(P_1, \ldots P_S; Q_1, \ldots Q_S) = \sum_{r}^{R} Q_{Lr}. \tag{2.6–3}$$

Diese Forderungen wiederum mit Hilfe von Lagrange-Multiplikatoren miteinander verbunden, ergeben die im folgenden zu minimierende Ersatzfunktion

$$\begin{aligned} &\sum_{s}^{S} K_s(P_s) + K_0(P_0) - \lambda_1 \left(P_0 + \sum_{s}^{S} P_s - P_V - \sum_{r}^{R} P_{Lr}\right) + \\ &\qquad + \lambda_2 \left(Q_0 + \sum_{s}^{S} Q_s - Q_V - \sum_{r}^{R} Q_{Lr}\right) = \text{Min}. \end{aligned} \tag{2.6–4}$$

Wenn man jetzt die partiellen Ableitungen nach allen unabhängigen Veränderlichen P_0, P_s, Q_s, λ_1 und λ_2 bildet, erhält man als System notwendiger Bedingungen für ein Kostenminimum das nichtlineare Gleichungssystem

$$\begin{aligned} &\frac{dK_0}{dP_0} - \lambda_1 = 0\,, \\ &\frac{dK_s}{dP_s} - \lambda_1 \left(1 - \frac{\partial P_V}{\partial P_s}\right) + \lambda_2 \frac{\partial Q_V}{\partial P_s} = 0 \\ &\lambda_1 \frac{\partial P_V}{\partial Q_s} - \lambda_2 \left(1 - \frac{\partial Q_V}{\partial Q_s}\right) = 0\,. \end{aligned} \tag{2.5–5}$$

Der Index 0 bezieht sich auf den Slackknotenpunkt, von dessen Einspeiseleistungen die Netzverluste unabhängig sind. Die Ableitungen nach λ_1 und λ_2 liefern die beiden Bilanzbedingungen (2.6–2) und (2.6–3) und sind hier nicht noch einmal aufgeführt. Da die Lasten im Netz vorgegeben sind, lassen sich diese weder hinsichtlich Wirkleistung noch Blindleistung optimieren. Für die Gesamtoptimierung bedeutet dieses, daß man den Teil der Netzverlustformel nicht benötigt, der ausschließlich von den Lasten abhängt. Wenn man die quadratischen Formen nach Einspeisungen und Lasten partitioniert, so erhält man

$$P_V = \begin{bmatrix} p^G \\ p^L \end{bmatrix}_t \begin{bmatrix} W^{GG} & W^{GL} \\ W^{GL} & W^{LL} \end{bmatrix} \begin{bmatrix} p^G \\ p^L \end{bmatrix} + \begin{bmatrix} q^G \\ q^L \end{bmatrix}_t \begin{bmatrix} W^{GG} & W^{GL} \\ W^{GL} & W^{LL} \end{bmatrix} \begin{bmatrix} q^G \\ q^L \end{bmatrix}, \quad (2.6\text{–}6)$$

$$Q_V = \begin{bmatrix} p^G \\ p^L \end{bmatrix}_t \begin{bmatrix} B^{GG} & B^{GL} \\ B^{GL} & B^{LL} \end{bmatrix} \begin{bmatrix} p^G \\ p^L \end{bmatrix} + \begin{bmatrix} q^G \\ q^L \end{bmatrix}_t \begin{bmatrix} B^{GG} & B^{GL} \\ B^{GL} & B^{LL} \end{bmatrix} \begin{bmatrix} q^G \\ q^L \end{bmatrix},$$

oder, wenn man sie ausmultipliziert,

$$\begin{aligned} P_V = {} & [p^G]_t\,[W^{GG}]\,[p^G] + 2\,[p^G]_t\,[W^{GL}]\,[p^L] + [p^L]_t\,[W^{LL}]\,[p^L] \\ & + [q^G]_t\,[W^{GG}]\,[q^G] + 2\,[q^G]_t\,[W^{GL}]\,[q^L] + [q^L]_t\,[W^{LL}]\,[q^L], \\ Q_V = {} & [p^G]_t\,[B^{GG}]\,[p^G] + 2\,[p^G]_t\,[B^{GL}]\,[p^L] + [p^L]_t\,[B^{LL}]\,[p^L] \quad (2.6\text{–}7) \\ & + [q^G]_t\,[B^{GG}]\,[q^G] + 2\,[q^G]_t\,[B^{GL}]\,[q^L] + [q^L]_t\,[B^{LL}]\,[q^L]. \end{aligned}$$

In einem automatisierten Netzbetrieb ist es nicht sinnvoll, die Leistungsbilanzen im Netz über die Summierung aller Teillasten zu ermitteln, sondern man benutzt für die Wirkleistungsbilanz die Frequenzabweichung bzw. die Übergabeleistungsabweichung. Für die Blindleistungsbilanz eignet sich besser das Spannungsniveau im Netz. In diesem Fall sind also die Netzverluste selbst gar nicht von Interesse, sondern nur noch die partiellen Ableitungen der Netzverluste nach den Einspeiseleistungen. Auch bei Off-line-Rechnungen ist es meistens besser von der Summe der Einspeiseleistungen auszugehen, die in der Lastverteilerwarte gewöhnlich registriert wird, da alle Lasten kaum verfügbar sein dürften. Für den praktischen Betrieb ist also der größte Teil der Netzverlustformel, nämlich

$$[p^{LL}]_t\,[W^{LL}]\,[p^L] + [q^L]_t\,[W^{LL}]\,[q^L] \ \text{und}\ [p^L]_t\,[B^{LL}]\,[p^L] + [q^L]_t\,[B^{LL}]\,[q^L],$$

gar nicht erforderlich.

Die partiellen Ableitungen der Netzverluste lassen sich nun aus (2.6–7) leicht ermitteln:

$$\frac{\partial P_V}{\partial P_s} = 2\left(\sum_t^S w_{st} P_t^G + \sum_r^R w_{sr} P_r^L\right),$$

$$\frac{\partial P_V}{\partial Q_s} = 2\left(\sum_t^S w_{st} Q_t^G + \sum_r^R w_{sr} Q_r^L\right),$$

$$\frac{\partial Q_V}{\partial P_s} = 2\left(\sum_t^S b_{st} P_t^G + \sum_r^R b_{sr} P_r^L\right), \tag{2.6–8}$$

$$\frac{\partial Q_V}{\partial Q_s} = 2\left(\sum_t^S b_{st} Q_t^G + \sum_r^R b_{sr} Q_r^L\right).$$

Bezogen auf die Optimierung der Einspeiseleistungen ist der jeweils zweite Term der partiellen Ableitungen der Netzverluste eine Konstante, denn die Lasten sind vorgegeben, so daß sich diese Linearformen in den Lasten vor der Optimierung berechnen lassen. Die Bedingungen (2.6–5) werden damit

$$\frac{dK_0}{dP_0} - \lambda_1 = 0, \tag{2.6–9}$$

$$\frac{dK_s}{dP_s} - \lambda_1 \left(1 - 2\sum_t^S w_{st} P_t^G - 2 W_s(P_L)\right) + \lambda_2 \left(2\sum_t^S b_{st} P_t^G + 2 B_s(P_L)\right) = 0,$$

$$\lambda_1 \left(2\sum_t^S w_{st} Q_t^G + 2 W_s(Q_L)\right) - \lambda_2 \left(1 - 2\sum_t^S b_{st} Q_t^G - 2 B_s(Q_L)\right) = 0.$$

Die Optimierung der Blindleistungseinspeisung wirkt sich über die Gleichungen durch die Lagrange-Multiplikatoren aus. Die Linearformen haben hier eine völlig andere Bedeutung als in der Verlustformel aus Abschn. 2.2. Hier liefern sie einen wesentlichen Beitrag zu den differentiellen Netzverlusten. Diese Anteile sind nicht wie bisher für den ganzen Lastbereich konstant, sondern sind abhängig von der Netzbelastung; sie verändern also die Verlustformel bei Veränderung der Netzlast.

2.7. Berechnung der optimalen thermischen Lastverteilung mit Hilfe des Dynamic Programming [133], [117]

2.7.1. Berechnung ohne Berücksichtigung der Netzverluste

Im Anhang 6.7 wird die allgemeine Rekursionsformel für die dynamische Programmierung hergeleitet. Es wird dort auch gesagt, daß das Problem der Markoffschen Bedingung der Unabhängigkeit der Entscheidungen genügen muß:

$$F(X_{10} \ldots X_N, Y_1, \ldots Y_N) = \sum_{n=1}^{N} g_n (x_{n1}\ Y_n)\,. \tag{2.7–1}$$

Wenn man in der Optimierung die Netzverluste außer acht läßt, so läßt sich die Minimalforderung für die optimale Lastverteilung genau auf diese Funktion (2.7–1) zurückführen:

$$\underset{(Pn)}{\text{Min}} \sum_{n=1}^{N} K_n (P_n)\,. \tag{2.7–2}$$

Eine direkte Berücksichtigung der Netzverluste ist bei der Verwendung der dynamischen Programmierung nicht möglich, da die Netzverluste von allen Einspeiseleistungen abhängen und somit der Markoffschen Bedingung nicht genügen. Diesen Nachteil kann man aber meistens in Kauf nehmen bei dem Vorteil, daß man absolute Minima findet, und zwar auch unter Berücksichtigung der Leerlaufkosten der Anlagen, die ja bei den differentiellen Verfahren als Konstantglieder beim Differenzieren verschwinden. Die Suche nach absoluten Optima ist vor allem dann von großer Bedeutung, wenn die Mehrdeutigkeit des Problems gravierend ist. Dies ist vor allem dann der Fall, wenn man Turbinen zu berücksichtigen hat, die mit Düsengruppenregelung betrieben werden und dadurch sehr große Drosselverluste aufweisen, welche die Konvexität der Kostenfunktionen stark stören.

Die Aufgabe kann man dann im Sinne einer Lösung mit Hilfe der dynamischen Programmierung so formulieren:

$$f_N (P_L) = \underset{(P_N)}{\text{Min}} \left(K_N (P_N) + \text{Min} \sum_{n=1}^{N-1} K_n \left(\sum_{n=1}^{N-1} P_n \right) \right), \qquad N = 1, 2, \ldots\,. \tag{2.7–3}$$

Für jedes P_L ist also jeweils ein P_N so zu bestimmen, daß die Funktion $f_N(P_L)$ ein Minimum wird. Hierbei ist zu beachten, daß der zweite Term in f_N schon selbst die Lösung einer Minimierungsaufgabe darstellt und aus dem N-l-ten Schritt im Sinne einer Rekursion hervorgegangen ist, und daß (2.7–1) gilt. Für den zweiten Term kann man dann

$$\underset{(Pn)}{\text{Min}} \sum_{n=1}^{N-1} K_n \left(\sum_{n=1}^{N-1} P_n \right) = f_{N-1} (P_L - P_N) \tag{2.7–4}$$

setzen. Die Rekursionsformel für die Optimierung lautet damit

$$f_N (P_L) = \underset{(P_N)}{\text{Min}} (K_N (P_N) + f_{N-1} (P_L - P_N)\,, \quad f_0 \equiv 0\,. \tag{2.7–5}$$

Der Laufbereich von P_L ist nach oben und unten durch die Ungleichung

$$P_{L_{min}} \leqslant P_L \leqslant P_{L_{max}} = \sum_{n=1}^{N} P_n \qquad (2.7\text{–}6)$$

eingeschränkt. Auf diese Weise wird eine Tabelle aufgebaut, aus der für jedes P_L die optimale Verteilung dieser Leistung auf alle Anlagen abgelesen werden kann.

2.7.2. Nachträgliche Berücksichtigung der Netzverluste

Im vorigen Abschnitt wurde festgestellt, daß eine direkte Berücksichtigung der Netzverluste bei diesem Verfahren nach der dynamischen Programmierung nicht möglich ist. Wenn man aber die Netzverluste in der Umgebung eines im Abschn. 2.7.1 gefundenen Optimums linear approximiert, so kann man für jede Lastverteilung eine Nachrechnung folgen lassen zur Ermittlung der optimalen Erzeugung der noch fehlenden Netzverluste. Für diese Nachrechnung kann man wieder die dynamische Programmierung verwenden. Zur Approximation der Verluste entwickelt man diese in eine Taylorreihe um den Ausgangsleistungsvektor und bricht diese Entwicklung nach dem linearen Glied ab:

$$P_V (P_1 + \Delta P_1, \ldots, P_N + \Delta P_N) \approx P_V (P_1, \ldots P_N) + \sum_{n=1}^{N} \frac{\partial P_V}{\partial P_n} \Delta P_n. \qquad (2.7\text{–}7)$$

Die Leistungsbilanz in der Umgebung der Tabellenlastverteilung läßt sich dann wie folgt schreiben:

$$\sum_{n=1}^{N} (P_n + \Delta P_n) - P_V (P_1, \ldots P_N) - \sum_{n=1}^{N} \frac{\partial P_V}{\partial P_n} \Delta P_n = P_L + \Delta P_L \qquad (2.7\text{–}8)$$

oder, wenn man die Tabellenlastverteilung als Basis verwendet, erhält man für die Umgebung die Leistungsbilanz aus

$$\sum_{n=1}^{N} \Delta P_n \left(1 - \frac{\partial P_V}{\partial P_n}\right) = \Delta P_L\,. \qquad (2.7\text{–}9)$$

Mit der Abkürzung

$$1 - \frac{\partial P_V}{\partial P_n} = p_{V_n} \qquad (2.7\text{–}10)$$

wird daraus

$$\sum_{n=1}^{N} \Delta P_n \, pv_n = \Delta P_L \, .$$

Man sieht jetzt sofort, daß diese vereinfachte Darstellung wieder die Eigenschaft (2.7–1) hat und damit der Markoffschen Bedingung der Unabhängigkeit genügt.

Aus der Analogie zu der Aufgabenstellung (2.7–8) des vorigen Abschnitts erkennt man auch sofort, daß man die Rekursionsformel der dynamischen Programmierung wie folgt schreiben kann:

$$\begin{aligned} f_n (\Delta P_L) = \underset{(\Delta Pn)}{\text{Min}} \, & (K_n (P_n^0 + \Delta P_n) + \\ & + f_{N-1} (\Delta P_L + \Delta P_n \, pv_n) \, . \end{aligned} \qquad (2.7-11)$$

Streng genommen müßte man jetzt wegen der Approximation der Netzverluste mehrmals iterieren, um die wirklich exakte Lösung zu erhalten. In der Praxis ist es aber so, daß die Netzverluste immer hinreichend klein sind gegenüber der gesamten eingespeisten Leistung oder der Netzlast, so daß die lineare Approximation genügend genau ist, um die Rechnung nach einem Schritt abbrechen zu können.

3. Der hydrothermische Verbundbetrieb

3.1. Aufgabenstellung

Die in Abschn. 2 dargestellten Methoden, die alle auf die Ermittlung eines Momentanoptimums hinauslaufen, können nicht in allen Fällen eingesetzt werden. Sie setzen voraus, daß die Entscheidung, ob eine thermische Energieerzeugungseinheit eingesetzt werden soll oder nicht, schon getroffen ist. Aus diesem Grunde werden die Kosten für die Inbetriebnahme einer solchen Einheit (Anfahrkosten) an keiner Stelle berücksichtigt. So kann es z.B. der Fall sein, daß in einer mäßigen Spitzensituation es besser ist, ein bestimmtes Kraftwerk garnicht erst in Betrieb zu nehmen, um sich die Anfahrkosten zu sparen, und stattdessen die übrigen Kraftwerke höher auszufahren. Hierdurch entstehen zwar höhere stündliche Gesamtkosten. Wenn aber die über den Zeitraum dieser Spitzensituation integrierten Mehrkosten geringer sind als die Anfahrkosten, so ist das Nichteinschalten dieser Einheit gerechtfertigt. In einem längeren Zeitraum kann das Einschalten wieder gerechtfertigt sein, ebenso auch dann, wenn eine Höchstspitzensituation keine andere Wahl läßt, um die Forderung der Abnehmer zu befriedigen. Auch Gründe der Versorgungssicherheit können das Anfahren eines sowohl in den Anfahr- als auch in den Betriebskosten teueren Kraftwerks erforderlich machen.

Während Laufwasserkraftwerke meist als Kraftwerke mit konstanter Einspeiseleistung eingeführt werden können, liegen die Verhältnisse bei Wasserkraftwerken mit Wasserspeicher grundsätzlich anders, gleichgültig ob mit Zulauf oder ohne Zulauf (Pumpspeicherwerke). Hier hat man meist eine bestimmte Menge Wasser für einen Tag, eine Woche, einen Monat, ein Jahr, über die man verfügen kann, und es entsteht nur die Frage, nach welchen mathematischen Kriterien der Einsatz des zur Verfügung stehenden Wassers eingeteilt wird. Bei einem Pumpspeicherwerk weiß man schon, daß in der Spitzensituation dieses Kraftwerk generatorisch und in der Nacht bei Leistungsüberschuß motorisch betrieben wird. Dazwischen werden Zeiten sein, in welchen das Kraftwerk ruht. Wie aber erhält man den genauen Einschaltzeitpunkt für die einzelnen Einheiten? Im Fall des generatorischen Betriebs läßt sich auch noch die Leistung steuern.

Die hiermit angeschnittene Problematik zeichnet sich dadurch aus, daß jetzt nicht mehr der Augenblick betrachtet wird, sondern Zeiträume. Entsprechend den Zeiträumen spricht man von Tages-, Wochen-, Monats-, Jahreszeiten- oder Jahresoptimierung. Da die Prognosen über kürzere Zeiträume in der Regel genauer sind als längerfristige, liefern diese zumindest theoretisch genauere Ergebnisse. Die Betrachtung von Zeiträumen führt auf Kostenintegralausdrücke, auf sog. Funktionale. Als Hilfsmittel zur Lösung solcher Minimalaufgaben reicht die Differentialrechnung nicht aus. Die Aufgaben dieser Art nennt man Variationsaufgaben. Viele und zahlreiche grundlegende Probleme lassen sich mit der klassischen Variationsrechnung (vgl. Abschn. 6.5) lösen. Sobald jedoch unstetige, nicht-konvexe Kostenfunktionen und Ungleichungsbedingungen hinzukommen, benötigt man modernere Hilfsmittel wie die „dynamische Programmierung" (vgl. Abschn. 3.6) [6] bis [9]) oder das „Pontrjaginsche Maximumprinzip" [45].

Ein sehr eindrucksvolles Beispiel für die Möglichkeit, mit Hilfe der Variationsrechnung zu einer übersichtlichen Aussage gelangen zu können, ist der hydrothermische Verbundbetrieb eines Systems von thermischen Kraftwerken mit einem oder mehreren speicherfähigen Wasserkraftwerken. Auf die Möglichkeit, hier auch Laufwasserkraftwerke in doch ziemlich trivialer Weise mitberücksichtigen zu können, soll nachfolgend aus Gründen der Übersichtlichkeit verzichtet werden. Die nachträgliche Einführung von Laufwasserkraftwerken wie auch von konformen Lasten macht keine Schwierigkeiten.

3.2. Der hydrothermische Verbundbetrieb mit Speicherwasserkraftwerken

Wir betrachten ein System von n thermischen Kraftwerken mit n Absolutkostenfunktionen $K_i = F_i(P_i)$, i = 1, . . . n, für die Kosten pro Zeiteinheit in Abhängigkeit der abgegebenen Wirkleistungen (Bild 3.2–1).

Unsere Aufgabe ist es, das Integral dieser Kostensumme über den be-

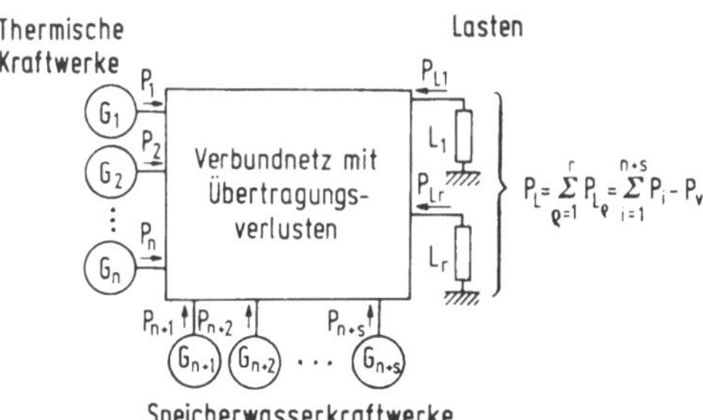

Abb. 3.2–1: Verbundnetze mit Übertragungsverlusten mit n thermischen Kraftwerken (G_1, ... G_n), s Speicherwasserkraftwerken (G_{m+1}, ... G_{m+s}) und R Lasten

trachteten Zeitraum $t_1 \leq t \leq t_2$ zu einem Minimum zu machen. Damit ergibt sich die Forderung

$$\int_{t_1}^{t_2} \sum_{i=1}^{n} K_i \, dt = \int_{t_1}^{t_2} \sum_{i=1}^{n} F_i (P_i (t)) \, dt \doteq \text{Min} . \qquad (3.2\text{–}1)$$

Für die s Speicherkraftwerke definieren wir Funktionen, welche die für die Leistungsabgabe benötigte Wassermenge L_i pro Zeiteinheit in Abhängigkeit von der elektrisch gelieferten (oder aufgenommenen) Leistung P_i darstellen. Nehmen wir zunächst nur Speicherkraftwerke mit Zulauf an, also nur generatorische Speicherkraftwerke ($P_i \geqq 0$), so liegen die für den betrachteten Zeitraum $t_1 \leqq t \leqq t_2$ zur Verfügung stehenden Wassermengen Q_i fest. Sie sind durch die Integralnebenbedingungen

$$\int_{t_1}^{t_2} L_i (P_i (t)) \, dt = Q_i \qquad (3.2\text{–}2)$$

oder in Nullform

$$\int_{t_1}^{t_2} L_i (P_i (t)) \, dt - Q_i \doteq 0 \quad i = n + 1, \ldots n + s \qquad (3.2\text{–}3)$$

gegeben. Der Fall des Pumpspeicherkraftwerks kann nach dem gleichen Schema behandelt werden. Hier sind die Funktionen $L_i(P_i)$ auch für negative – und zwar nur für diskrete – Werte $P_{i1}, P_{i2}, \ldots P_{i\sigma} \leqq 0$ definiert wenn das i-te Kraftwerk σ Stufen des motorischen Betriebs hat. Der Synchronmotor gestattet wegen seiner festen Drehzahl im Pumpbetrieb nur eine Betriebsweise mit fester Leistung. Auf der generatorischen Seite hingegen kann die Leistung durch Drosselung des Wasserzulaufs ohne nennenswerte Verluste kontinuierlich geregelt werden, obwohl auch hier der Synchrongenerator mit konstanter Drehzahl betrieben wird. Die festzulegenden Integralwerte für die Wassermengen Q_i sind (z.B. über einen Tag genommen) im Pumpspeicherbetrieb in der Regel mit null anzusetzen, wenn man die Wasserverluste vernachlässigen kann. Hier soll freilich auch nicht der Fall in Betracht gezogen werden, daß die Speicherbecken so klein sind, daß sie im Betrieb leer werden oder überlaufen könnten.

Genau genommen ist die Leistungsabgabe nicht nur von der Wassermenge abhängig, und umgekehrt ist auch die verbrauchte Wassermenge nicht nur eine Funktion der abzugebenden Leistung, sondern auch noch eine Funktion der Wasserhöhe, was besonders bei Kraftwerken mit geringerem Gefälle beachtet werden muß (vgl. Abschn. 3.4). Hier soll jedoch der Einfluß der Wasserhöhe vernachlässigt werden. Einige typische Darstellungen für die Funktionen $L_i(P_i)$ für Speicherkraftwerke zeigt Bild 3.2–2.

Die typische Abnehmersummenleistung P_L, die auch hier wieder pauschal betrachtet wird, muß jetzt als Funktion der Zeit innerhalb des betrachteten Zeitraums $t_1 \leqq t \leqq t_2$ bekannt sein. Sie ist auch hier gleich der Diffe-

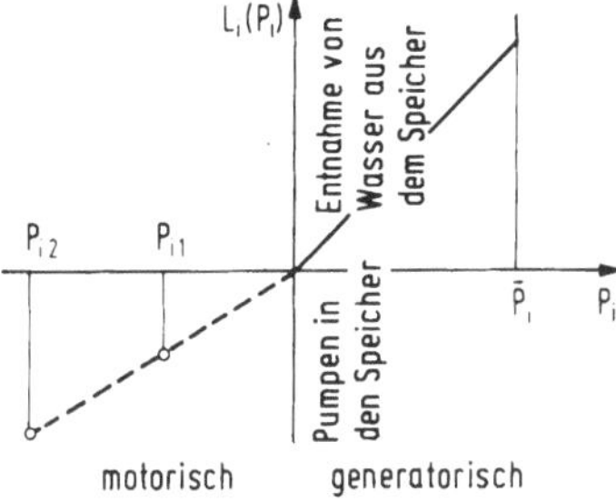

Abb. 3.2–2: Pump- bzw. Entnahmewassermenge pro Zeiteinheit für ein Pumpspeicherwerk in Abhängigkeit der Leistung für ein Pumpspeicherwerk im motorischen bzw. generatorischen Betrieb. Im motorischen Betrieb sind nur diskrete Werte P_{i1}, P_{i2} möglich. Die dazwischen verlaufende theoretische Kurve ist gestrichelt

renz zwischen den von den Wärme- und Wasserkraftwerken eingespeisten Leistungen $\sum_{i=1}^{n+s} P_i$ einerseits und den Verlusten P_V andererseits:

$$\sum_{i=1}^{n+s} P_i(t) - P_V(P_1(t) \ldots P_{n+s}(t)) = g(t) \tag{3.2–4}$$

oder in Nullform

$$\sum_{i=1}^{n+s} P_i(t) - P_V(P_1(t) \ldots P_{n+s}(t)) - g(t) = 0\,. \tag{3.2–5}$$

Um diese Variationsaufgabe mit Integral- und Gleichungsnebenbedingungen nach der Lagrange-Methode der Variationsrechnung lösen zu können, müssen wir ein Lagrange-Funktional $\Phi(t, P_1(t), \ldots P_{n+s}(t), \mu_{n+1}, \ldots \mu_{n+s}, \lambda(t))$ mit konstanten Lagrangefaktoren $\mu_{n+1}, \ldots \mu_{n+s}$ für die Integralnebenbedingungen (3.2–3) (vgl. Abschn. 6.5.3) und mit dem veränderlichen Lagrangefaktor $\lambda(t)$ für die Gleichungsnebenbedingung (3.2–5) (vgl. Abschn. 6.5.2) ansetzen.

Wir erhalten

$$\Phi = \int_{t_1}^{t_2} \left\{ \sum_{i=1}^{n} F_i(t) + \sum_{i=n+1}^{n+s} \mu_i L_i(P_i(t)) - \lambda(t) \sum_{i=1}^{n+s} [P_i(t) - P_V - g(t)] \right\} dt - $$

$$- \sum_{i=n+1}^{n+s} \mu_i Q_i\,. \tag{3,2–6}$$

Wenn wir den Vektor der Kraftwerksleistungen $P_i(t)$ gleich $[p]$ setzen, so kann jetzt die notwendige Bedingung für das Eintreten eines Minimums des Funktionals (3.2–1) unter den Nebenbedingungen (3.2–3) und (3.2–5) mit Hilfe der Variationsableitung folgendermaßen formuliert werden:

$$[\Phi(t, P_1(t) \ldots P_{n+s}(t), \eta_{n+1} \ldots \eta_{n+s}, \lambda(t)]_{[p]} = 0 , \qquad (3.2\text{–}7)$$

wobei die Summe außerhalb des Integrals hier unbeachtet bleibt. Da die Aufgabenstellung an keiner Stelle die Ableitungen der $P_i(t)$ nach der Zeit enthält, besteht die Variationsableitung nach [p] einfach aus allen partiellen Ableitungen nach den P_i, wodurch für $i = 1, \ldots n{+}s$ genau n+s Gleichungen entstehen. Wegen des Fehlens der zeitlichen Ableitungen der P_i können auch die Randbedingungen außer acht gelassen werden. Es ist also nicht erforderlich, z.B. $P_i(t_1) = P_i(t_2) = 0$ anzusetzen. Die partiellen Ableitungen nach den P_j ergeben

$$\frac{\partial F_j(P_j(t))}{\partial P_j} - \lambda(t)\left(1 - \frac{\partial P_V}{\partial P_j}\right) = 0 \qquad (3.2\text{–}8a)$$

für $t_1 \leqslant t \leqslant t_2$ und $j = 1, \ldots n$,

und

$$\mu_j \frac{\partial L_j(P_j(t))}{\partial P_j} - \lambda(t)\left(1 - \frac{\partial P_V}{\partial P_j}\right) = 0 \qquad (3.2\text{–}8b)$$

für $t_1 \leqslant t \leqslant t_2$ und $j = n+1, \ldots, n+s$.

Setzt man einerseits, wie schon in Abschn. 2.2 geschehen,

$$\frac{\partial F_j(P_j(t))}{\partial P_j} = f_j(P_j(t)) \qquad \text{für} \quad j = 1, \ldots, n \qquad (3.2\text{–}9a)$$

und andererseits auch

$$\mu_i \frac{\partial L_j(P_j(t))}{\partial P_j} = f_j(P_j(t)) \qquad \text{für} \quad j = n+1, \ldots, n+s , \qquad (3.2\text{–}9b)$$

so sind die $f_j(P_j)$ für $j = 1, \ldots n$ die bereits bekannten Zuwachskostenfunktionen der thermischen Kraftwerke und für $j = n{+}1, \ldots n{+}s$ entsprechend Zuwachskostenfunktionen, die wir fiktive Zuwachskostenfunktionen (Bild 3.2–3) nennen wollen, für die Speicherwasserkraftwerke. Im letzteren Fall sind aber nur die Funktionen $\partial L_j(P_j)/\partial P_j$ bekannt, während die Lagrangefaktoren μ_j unbekannt sind. Die Faktoren μ_j haben die Dimension Geldeinheit pro Volumeneinheit Wasser. Sie werden daher Wasserbewertungsfaktoren genannt. Sie müssen so festgelegt werden, daß sich ein Einsatz des betreffenden Speicherwasserkraftwerks ergibt, der die Integralnebenbedingung (3.2–2) bzw. (3.2–3) erfüllt. Setzt man einen Faktor μ_j zu hoch an, so wird das betreffende Wasserkraftwerk zu wenig eingesetzt, und es wird zu wenig

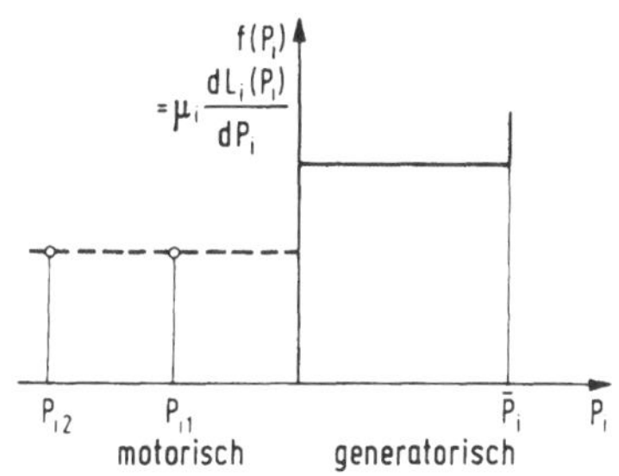

Abb. 3.2–3: Fiktive Zuwachskostenkurven für ein Pumpspeicherwerk (stark vereinfacht) in Abhängigkeit der Leistung für ein Pumpspeicherwerk im motorischen und generatorischen Betrieb. Da im motorischen Betrieb nur diskrete Werte möglich sind, ist die dazwischen verlaufende Kurve gestrichelt gezeichnet

Wasser verbraucht. Das umgekehrte ist der Fall, wenn man μ_j zu niedrig ansetzt.

Zur Lösung hat man auch hier wieder genau so viele Gleichungen wie Unbekannte. Wir haben n+s Gleichungen (3.2–8a) und (3.2–8b) und eine Gleichungsnebenbedingung, die in jedem Zeitaugenblick zu erfüllen ist. Diesen insgesamt n+s+1 Gleichungen stehen ebenso viele zeitlich abhängige Unbekannte $P_1(t), \ldots P_{n+s}(t), \lambda(t)$ gegenüber. Den s Integralnebenbedingungen, die erfüllt werden müssen, entsprechen s Unbekannte $\mu_{n+1}, \ldots \mu_{n+s}$, die nicht von der Zeit abhängen. In einer numerischen Durchrechnung entspricht den zeitabhängigen Größen gemäß der Zeitquantelung ein bestimmtes Vielfaches an Unbekannten, z.B. bei einer Einteilung in 24 Einstundenabschnitte, die 24fache Zahl von Unbekannten der Größen $P_j(t)$ und $\lambda(t)$.

Man kann zeigen, daß die einzelnen Zeitabschnitte permutiert werden dürfen, was daran liegt, daß zeitliche Ableitungen im Problem nicht vorkommen. Wenn man daher anstelle der Funktion $P_L = g(t)$ die geordnete Belastungskurve $\gamma(\tau)$ in die Rechnung einführt, so bringt eine gröbere Quantelung auf der τ-Achse ebenfalls genügend genaue Ergebnisse, was eine Verringerung des numerischen Rechenaufwandes ergibt.

Die geordnete Belastungskurve kann allerdings nicht eingesetzt werden, wenn in Wasserkraftwerken die Abhängigkeit von Fallhöhe berücksichtigt werden muß. Ebenso darf auch nicht mit der geordneten Belastungskurve gearbeitet werden, wenn obere und untere Grenzen des Wasserspeichers zu beachten sind. Verfahren, welche es gestatten, diese Einflüsse zu berücksichtigen, werden in Abschn. 3.3 beschrieben.

3.2.1. Bemerkungen zur geordneten Belastungsdauerlinie

Um nicht allzu „pathologische" Fälle untersuchen zu müssen, betrachten wir eine nicht-negative stetige Belastungsfunktion $P_L = g(t)$ mit endlich vielen Extrema im Intervall $a \leq t \leq b$. Das Maximum dieser Funktion sei $\hat{g}$, das Minimum $\check{g}$. Für $\check{g} \leq P_L \leq \hat{g}$ existiert dann eine Punktmenge $\mathfrak{M}$ aller Abszissen t, für die $g(t) \leq P_L$ ist. Diese Menge kann also charakterisiert werden durch (Bild 3.2–4)

$$\mathfrak{M} = \mathfrak{M}\{t \mid g(t) \geqslant P_L\}\,, \tag{3.2–10}$$

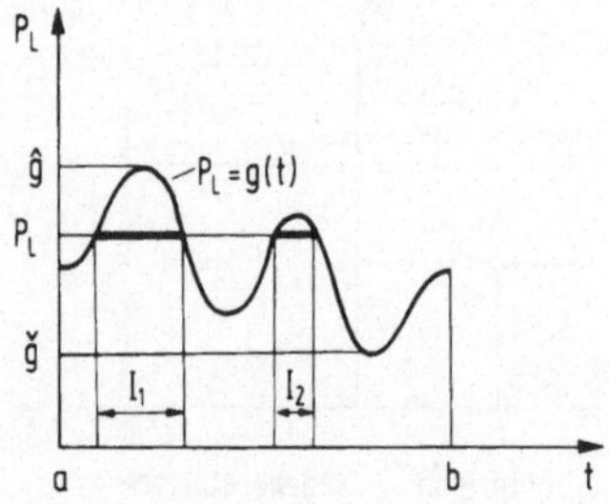

Abb. 3.2–4: Zur Ermittlung des Maßes M der Punktmenge $\mathfrak{M}\{t|g(t) \geqq P_L\}$. Das Maß der Punktmenge besteht hier aus zwei Intervallängen I_1 und I_2, die auf der Abszissenparallelen in der Höhe von P_L dick ausgezogen sind

das Maß M dieser Punktmenge aus einer endlichen Anzahl von Längen abgeschlossener Intervalle. Hat die Funktion für P_L gerade ein Maximum, so besteht das zugehörige Intervall nur aus einem Punkt, und die entsprechende Intervallänge ist null. Damit ist im Intervall $\breve{g} \leqq P_L \leqq \hat{g}$ eine nichtsteigende Maßfunktion

$$\tau = M\{\mathfrak{M}\{t|g(t) \geqslant P_L\}\} \tag{3.2–11}$$

$$= \varphi(P_L) \tag{3.2–12}$$

definiert. Das minimal mögliche Maß ist 0, das maximal mögliche Maß b–a. Damit verläuft τ zwischen 0 und b–a, und die dazu inverse Funktion

$$P_L = \varphi^{-1}(\tau) = \gamma(\tau) \tag{3.2–13}$$

ist ebenfalls nichtsteigend und über der gleichen Intervallänge definiert. Sie kann daher in das gleiche Koordinantensystem eingezeichnet werden. Der Graph der Funktion $P_L = \gamma(\tau)$ heißt geordnete Belastungsdauerlinie (Bild

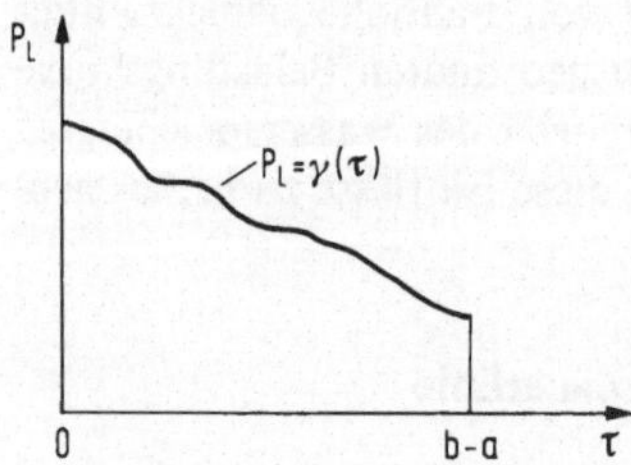

Abb. 3.2–5: Die aus g(t) nach Bild 3.2–1 ermittelte geordnete Belastungsdauerlinie $\gamma(\tau)$.

3.2–5). Für typische jahreszeitliche Belastungsfunktionen zeigt Bild 3.2–6 die entsprechenden geordneten Belastungsdauerlinien.

Eine sehr einfache graphische Konstruktion besteht darin, daß man die Fläche unterhalb von g(t) dadurch in Streifen aufteilt, und waagerechte Parallelen zur Abszissenachse (t-Achse) einzeichnet, die wir der Einfachheit halber in gleichen Abständen d annehmen wollen. Dem Gesamtflächeninhalt

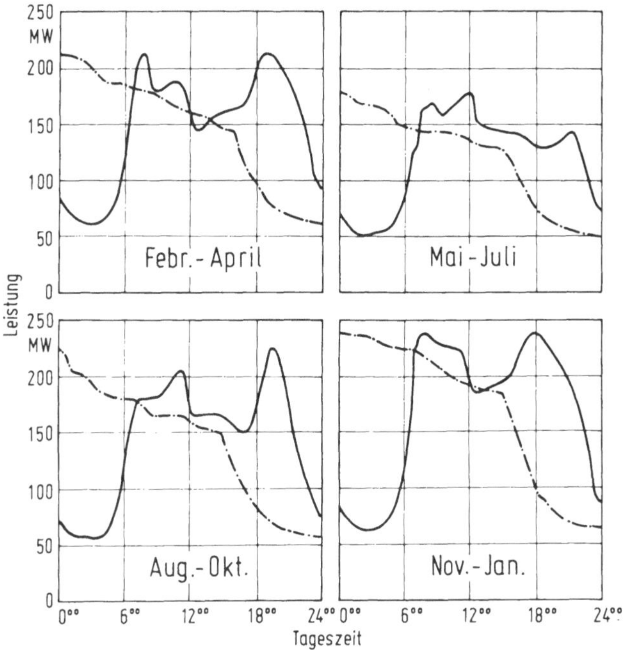

Abb. 3.2–6: Typische Tagesbelastungskurven und dazugehörige geordnete Dauerlinien (strichpunktiert) für je drei Monate eines Jahres.

jedes Streifens zwischen P_L und $P_L + d$ entspricht dann ein Rechteck mit dem Inhalt $d\tau$. Damit ist der Ordinate $P_L + d/2$ eine Abszisse zugeordnet. Für die Gesamtheit aller Streifen ergibt sich auf diese Weise eine Kurve, die mit wachsender Verfeinerung der Unterteilung gegen die geordnete Belastungsdauerlinie konvergiert.

Die wichtigste Eigenschaft der geordneten Belastungsdauerlinie $\gamma(\tau)$ ist die Flächengleichheit mit der Originalkurve $P_L(t)$. Mit unseren Bezeichnungen gilt also

$$\int_a^b P_L(t)\,dt = \int_{\check{\gamma}}^{\hat{\gamma}} \varphi(P_L)\,dP_L + \check{\gamma}\,(b-a) \tag{3.2–14}$$

$$= \int_0^{b-a} \gamma(\tau)\,d\tau. \tag{3.2–15}$$

Etwas vereinfachend kann man auch sagen, im $\int_b^a P_L(t)\,dt$ werden die flächengleichen Vertikalrechteckstreifen unter der Kurve in der ursprünglichen Reihenfolge aufsummiert, während im Falle der Integration von $\int_{0}^{b-a} \gamma(\tau)\, d\tau$ eine Summation dieser Streifen der Höhe nach erfolgt, beginnend mit dem höchsten Streifen, eine Vorgehensweise, welche der Lebesgueschen Definition eines Integrals ähnlich ist.

3.3. Berechnung des optimalen hydrothermischen Verbundbetriebs mit Hilfe von Gradientenverfahren [69], [97], [125], [127], [131], [132], [133]

3.3.1. Aufgabenstellung

Das im folgenden beschriebene Gradientenverfahren zur Optimierung des hydrothermischen Verbundbetriebs gehört zu den differentiellen Verfahren. Es ist also vorauszusetzen, daß die Gesamtkostenfläche mindestens einfach konvex ist. Man kann dieses wiederum dadurch gewährleisten, daß man für alle relevanten Funktionen nur konvexe Funktionen zuläßt. Bei diesen handelt es sich wieder um die Kostenkurven der thermischen Kraftwerke und die Wasserdurchsatzfunktionen in den Wasserkraftwerken. An der Formulierung der Aufgabe hat sich nichts geändert, es sind wieder Funktionen $P_n(t)$ derart gesucht, daß sie das Kostenintegral

$$\int_{T_0}^{T_1} e^{-pt} \sum_{n=1}^{N} K_n(P_n)\, dt \Rightarrow \text{Min} \tag{3.3-1}$$

machen. Bei größeren Zeiträumen ist hier mit dem Kostenbarwert zu rechnen, denn der Wert einer Energie nimmt mit wachsender Zeit ab.

Für jedes t innerhalb von $[T_0, T_1]$ muß wieder die Leistungsbilanz

$$\sum_{n=1}^{N} P_n + \sum_{m=1}^{M} P_{H_m} - P_V = P_L(t) \tag{3.3-2}$$

erfüllt sein. Alle Variablen sind Bereichseinschränkungen unterworfen. Es ist z.B. zu beachten, daß

$$\underline{P_n} \leqslant P_n \leqslant \overline{P}_n\,, \tag{3.3-3}$$

$$\underline{Q_m} \leqslant Q_m \leqslant \overline{Q}_m, \tag{3.3-4}$$

$$\underline{V_m} \leqslant V_m \leqslant \overline{V}_m. \tag{3.3-5}$$

Für die Wasserkraftwerke wird für jeden Speicher verlangt, daß er sich am Anfang und Ende des Zeitraums jeweils in einem bestimmten Füllungszustand befinden soll. Dies läßt sich durch die allgemeine Integralbedingung ausdrücken

$$\int_{T_0}^{T_1} (Q_m + Q_{m_ü} - Q_{m_z})\, dt = \Delta V_m , \qquad (3.3\text{–}6)$$

denn die Differenz zwischen den Integralen über die zugelaufenen und abgelaufenen Wassermengen liefert die Differenz der Füllungszustände am Beginn und Ende des Optimierungszeitraumes.

Um die hydraulischen Kopplungen zwischen Wasserkraftwerken zu berücksichtigen, soll im folgenden ein konkretes System analysiert werden, in dem alle wesentlichen möglichen Kopplungen auftreten (Bild 3.3–1). Aus

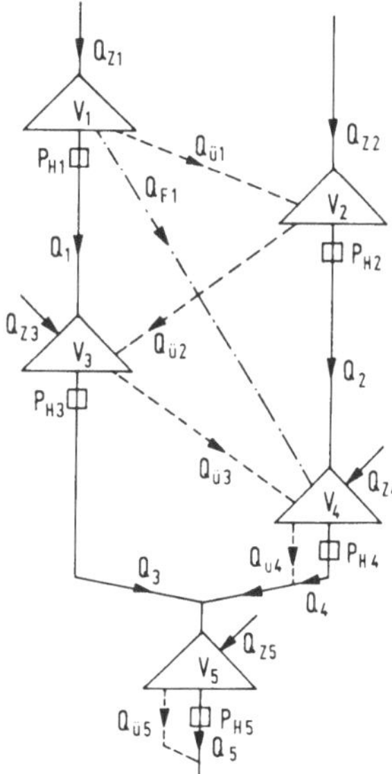

Abb. 3.3–1: Beispiel für ein Wasserkraftwerkssystem mit komplexer hydraulischer Verkopplung. Kraftwerk 3 sei ein Umleitungskraftwerk; das alte Bett geht in den Speicher 4 (in diesem Bett sind alte Rechte hinsichtlich der Fischerei zu beachten). Die Überläufe der Speicher werden in die jeweils nächsttieferen Speicher geleitet

diesem Bild lassen sich die folgenden Gleichungen über die Flußverkopplungen ablesen, die also die Bilanzen der Zu- und Abflüsse der Speicher beschreiben:

$$
\begin{array}{llllllllllllll}
\text{Speicher 1:} & Q_1 & & & & & +Q_{ü1} & & & & & +Q_{B1} & +Q_{F1} & -Q_{Z1} = Q_{G1}\,, \\
\text{,, 2:} & & Q_2 & & & & -Q_{ü1} & +Q_{ü2} & & & & +Q_{B2} & & -Q_{Z2} = Q_{G2}\,, \\
\text{,, 3:} & -Q_1 & & +Q_3 & & & & -Q_{ü2} & +Q_{ü3} & & & +Q_{B3} & & -Q_{Z3} = Q_{G3}\,, \\
\text{,, 4:} & & -Q_2 & & +Q_4 & & & & -Q_{ü3} & +Q_{ü4} & & +Q_{B4} & -Q_{F1} & -Q_{Z4} = Q_{G4}\,, \\
\text{,, 5:} & & & -Q_3 & -Q_4 & +Q_5 & & & & -Q_{ü4} & +Q_{ü5} & +Q_{B5} & & -Q_{Z5} = Q_{G5}\,.
\end{array}
\tag{3.3–7}
$$

$$
\begin{bmatrix} 1 & & & & \\ & 1 & & & \\ -1 & & 1 & & \\ & -1 & & 1 & \\ & & -1 & -1 & 1 \end{bmatrix}
\begin{bmatrix} Q_1 \\ Q_2 \\ Q_3 \\ Q_4 \\ Q_5 \end{bmatrix}
+
\begin{bmatrix} 1 & & & & \\ -1 & 1 & & & \\ & -1 & 1 & & \\ & & -1 & 1 & \\ & & & -1 & 1 \end{bmatrix}
\begin{bmatrix} Q_{ü1} \\ Q_{ü2} \\ Q_{ü3} \\ Q_{ü4} \\ Q_{ü5} \end{bmatrix}
+
\begin{bmatrix} Q_{B1} & +Q_{F1} & -Q_{Z1} \\ Q_{B2} & & -Q_{Z2} \\ Q_{B3} & & -Q_{Z3} \\ Q_{B4} & -Q_{F1} & -Q_{Z4} \\ Q_{B5} & & -Q_{Z5} \end{bmatrix}
=
\begin{bmatrix} Q_{G1} \\ Q_{G2} \\ Q_{G3} \\ Q_{G4} \\ Q_{G5} \end{bmatrix} .
\tag{3.3–8}
$$

Dieses Gleichungssystem weist zwei Inzidenzmatrizen als Kopplungsmatrizen zwischen den Speichern auf. Die erste gibt den Zusammenhang zwischen den Speichern im Hinblick auf die Nutzwassermengen wieder, während die zweite den Zusammenhang in bezug auf die Ausnutzung der überlaufenden Wassermengen darstellt. Die zweite Matrix ist nur erforderlich, weil die Turbinendurchsätze nach oben begrenzt sind, so daß man nicht durch Steigern der elektrischen Leistung in der Lage ist, in jedem Fall ein Überlaufen der Speicher zu verhindern. Man muß immer davon ausgehen, daß Wasserkraftwerke normalerweise nicht für eine maximale Wasserdarbietung ausgelegt werden, so daß es also in nassen Jahren leicht zu solchen Überläufen kommen kann. $Q_ü$ ist aber andererseits auch keine Funktion der elektrischen Leistung, so daß diese Größen hier nicht als unabhängige Variable auftreten, sondern als Parameter im Rahmen der Flußbilanzen.
Der dritte Term in (3.3–8) stellt die Zwangswassermengen dar, die ebenfalls durch die elektrische Leistung nicht beeinflußt werden können. Diese Mengen sind bekannt und können vor Beginn der eigentlichen Rechnung mit dem natürlichen Zulauf zu einer resultierenden Wassermenge zusammengefaßt werden:

$$\begin{aligned} Q_{B1} + Q_{F1} - Q_{Z1} &= \bar{Q}_{Z1}\,, \\ Q_{B2} \qquad\quad - Q_{Z2} &= \bar{Q}_{Z2}\,, \\ Q_{B3} \qquad\quad - Q_{Z3} &= \bar{Q}_{Z3}\,, \\ Q_{B4} - Q_{F1} - Q_{Z4} &= \bar{Q}_{Z4}\,, \\ Q_{B5} \qquad\quad - Q_{Z5} &= \bar{Q}_{Z5}\,. \end{aligned} \tag{3.3–9}$$

Abgekürzt läßt sich nun (3.3–8)

$$[J]\,[q] + [J_ü]\,[q_ü] + [\bar{q}_z] = [q_G]. \tag{3.3–10}$$

schreiben. Als isoperimetrische Nebenbedingung folgt hieraus für (3.3–6), daß die Zeitintegrale

$$\int_{T_0}^{T_1} Q_{G_m}\,dt = \Delta V_m, \tag{3.3–11}$$

d.h. gleich den vorgegebenen Wasservolumina sein sollen, wenn im Speicher am Ende des Optimierungszeitraums gleich viel, mehr oder weniger Wasser sein soll als am Anfang.

Aufgrund von Nutzungskonzessionen für Unteranlieger können für jeden Speicher Mindestabflußmengen vorgeschrieben sein. Diese sind bereits in den Bereichseinschränkungen (3.3–4) für Q_i erfaßt, hier ist dann als jeweils untere Grenze das größte Q_i einzusetzen.

3.3.2. Berechnung des Gradienten der Kostenfläche

Um jetzt die Lösung des Problems mit Hilfe eines Gradientenverfahrens anzugehen, unterteilt man den Optimierungszeitraum zweckmäßig in nicht notwendig äquidistante Zeitabschnitte. Wenn man vereinfachend annimmt, daß innerhalb eines jeden Δt alle Q und P zeitlich konstant sind, lassen sich alle Zeitintegrale als Summen darstellen:

$$\sum_{t=1}^{T} e^{-pt} \sum_{n=1}^{N} K_{nt}(P_{nt})\,\Delta t = \text{Min}, \tag{3.3–12}$$

$$\sum_{t=1}^{T} Q_{G_{mt}}\,\Delta t = \Delta V_m\,. \tag{3.3–13}$$

Wenn man jetzt die Hauptforderung (3.3–12) mit den Bedingungen (3.3–2) und (3.3–13) mit Hilfe von Lagrangemultiplikatoren verbindet, so erhält man

$$\sum_{t=1}^{T} \left\{ e^{-pt} \sum_{n=1}^{N} K_{nt}(P_{nt})\,\Delta t - \right.$$

$$\left. - \lambda_t \sum_{n=1}^{N} P_{nt} + \sum_{m=1}^{M} P_{H_{mt}}(V_{1t}, \ldots V_{Mt}, V_{mt}) - P_{V_t} - P_{L_t})\,\Delta t \right.$$

$$\left. + \sum_{m=1}^{M} \mu_m \left(\sum_{t=1}^{T} Q_{G_{mt}}\,\Delta t - \Delta V_m \right) \right\}. \tag{3.3–14}$$

Um eine logische Einheitlichkeit der Variablen zu erzielen, sollen im folgenden die elektrischen Leistungen als zeitliche Ableitungen der elektrischen Arbeit aufgefaßt werden. Als unabhängige Variable sind dann A_{nt}, V_{mt}, V_{mt}, λ_t, μ_m zu betrachten. Nach diesen Größen ist also die Funktion (3.3–14) im Sinne des Euler-Lagrangeschen Operators der Variationsrechnung partiell zu differenzieren, wobei die Ableitungen nach den Lagrange-Multiplikatoren nicht durchgeführt zu werden brauchen, da diese die Nebenbedingungen selbst darstellen.

Wenn man alle Ableitungen verschwinden läßt, erhält man ein Differentialgleichungssystem als notwendige Bedingung für das gesuchte Kostenminimum. In geschlossener Form ist dieses System vor allem im Hinblick auf die einschränkenden Bedingungen nur schwer auflösbar, so daß es sinnvoll ist, nach einem anderen Lösungsweg zu suchen. Es sollen darum hier die partiellen Ableitungen als Komponenten eines Gradienten aufgefaßt werden im Sinne

$$\text{grad } F(x;\dot{x}) = \quad F(x;\dot{x}) = \left[\frac{\partial F}{\partial x} - \frac{d}{dt}\frac{\partial F}{\partial \dot{x}}\right] = \left[F_x - F_{\dot{x}}\right]. \qquad (3.3\text{–}15)$$

Die Ableitungen selbst ergeben sich zu

$$(\nabla F)_{A_t} = -\frac{d}{dt}\left[e^{-pt}\frac{dK_t}{dA_t} - \lambda_t\left(1 - \frac{\partial P_{Vt}}{\partial A_t}\right)\right], \qquad (3.3\text{–}16)$$

$$(\nabla F)_{V_t} = -\lambda_t\,[J]\,\left[\left(1 - \frac{\partial P_{V_t}}{\partial P_{H_t}}\right)\frac{\partial P_{H_t}}{\partial V_t}\right] - \frac{d}{dt}\left([J]\,[\mu] - \lambda_t\left[\left(1 - \frac{\partial P_{V_t}}{\partial P_{H_t}}\right)\frac{\partial P_{H_t}}{\partial \dot{V}_t}\right]\right).$$

Die Matrix $[J]$ im ersten Term der dritten Gruppe regelt hier nur die Abhängigkeit zwischen den Speichern im Hinblick auf Volumenänderungen infolge von Durchflußänderungen in irgendeinem der Speicher. Der Term

$$\frac{d}{dt}([J]\,[\mu]) \equiv 0 \qquad (3.3\text{–}17)$$

verschwindet in dieser Form identisch, da alle μ_m zeitlich konstant sind.

Es ist zweckmäßig, als Iterationsvariable nicht die Arbeiten bzw. Volumina zu nehmen, sondern die zeitlichen Ableitungen der Arbeiten und Volumina bzw. die elektrischen Leistungen und Wasserdurchflußmengen. Der Gradient für diese Größen ist aber gegeben durch die integrierten Komponenten (3.3–16). Die Größen Δt sind im folgenden als nicht relevant weggelassen.

Für die Gradientenkomponenten nach P bzw. V bekommt man

$$-(\nabla F)_{P_t} = e^{-pt}\left[\frac{dK_t}{dP_t} - \lambda_t\left(1 - \frac{\partial P_{Vt}}{\partial P_t}\right)\right],$$

$$(3.3\text{–}18)$$

$$-(\nabla F)_{\dot{V}_t} = [J]\left[\int \lambda_t\left(1 - \frac{\partial P_{Vt}}{\partial P_{Ht}}\right)\frac{\partial P_{Ht}}{\partial V_t}\,dt\right] - \lambda_t\left[\left(1 - \frac{\partial P_{Vt}}{\partial P_{Ht}}\right)\frac{\partial P_{Ht}}{\partial \dot{V}_t}\right].$$

Die Vorzeichen wurden umgekehrt, da der Gradient grundsätzlich in Richtung der größten Zunahme des Funktionswertes zeigt, wir aber hier immer ein Kostenminimum suchen.

Was stellt nun der Integralausdruck in der dritten Gruppe der Gradientenkomponenten dar? Die Erklärung ist leicht, denn man kann sich vorstellen, daß man bezogen auf Q für einen bestimmten Zeitpunkt keinen Gradienten berechnen kann, ohne den gesamten Zeitraum zu betrachten.

Wenn man nämlich in einem willkürlichen Zeitabschnitt Δt innerhalb von $[T_0, T_1]$ Q um einen wählbaren Betrag ändert, so ändert sich nicht nur P_H in diesem Zeitabschnitt, sondern für den gesamten Rest des Zeitraumes $[t, T_1]$, weil sich das gespeicherte Volumen in mindestens einem Speicher für diese Restzeit verändert hat und P von diesem Volumen abhängt. Auf unser Problem bezogen läßt sich darum das Integral interpretieren als Summe aller Kostenänderungen über alle Zeitabschnitte und Speicher, die mit einer Änderung von Q_m in einem Zeitabschnitt verbunden sind. Die zweite Komponentengruppe in (3.3–18) wird damit

$$-(\nabla F)_{\dot{V}_t} = [J]\left[\sum_{t=t}^{T} \lambda_t \left(1 - \frac{\partial P_{Vt}}{\partial P_{Ht}}\right)\frac{\partial P_{Ht}}{\partial V_t}\Delta t\right] - \lambda_t\left[\left(1 - \frac{\partial P_{Vt}}{\partial P_{Ht}}\right)\frac{\partial P_{Ht}}{\partial Q_t}\right]. \tag{3.3–19}$$

Interessant ist nun die Bedeutung dieses ersten Summen- oder Integralterms, und welche Wirkung dieser Term auf die Lösung hat. Dies soll an einem Beispiel (Bild 3.3–2) erläutert werden: Wenn zu einer willkürlichen

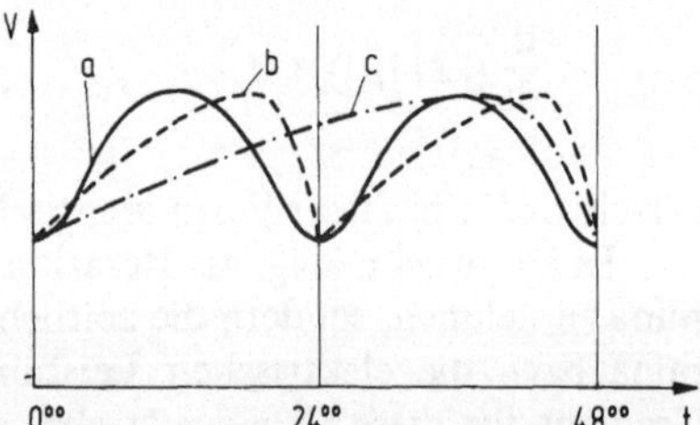

Abb. 3.3–3: Zur Erklärung der Unzulässigkeit der Beschränkung des Optimierungszeitraums

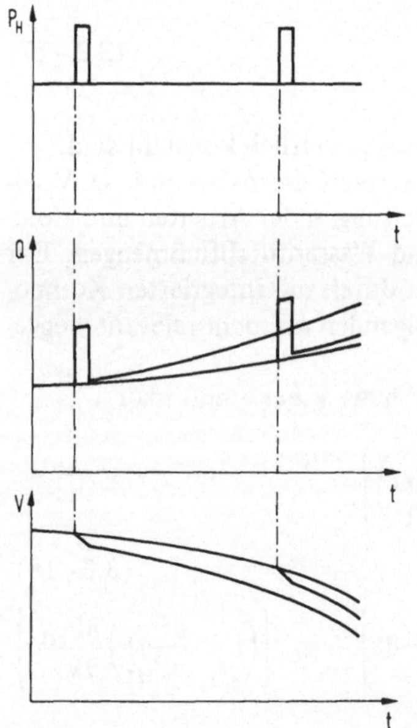

Abb. 3.3–2: Beispiel zur Erklärung des Prinzips, daß ein Speicher erst so spät wie möglich in Anspruch genommen werden soll

Zeit innerhalb $[T_0, T_1]$ Q im generatorischen Sinne positiv verändert wird, so wird dem Speicher dadurch gespeichertes Volumen entnommen. Für alle später entnommenen Leistungen ist dadurch aufgrund des niedrigeren Pegelstandes mehr Wasser, als ursprünglich erforderlich, aufzuwenden. Wenn man sich auf den Zeitraum $[T_0, T_1]$ festgelegt hat, so wird die negative Auswirkung einer zusätzlich entnommenen Wassermenge umso kleiner, je später dieses geschieht. Generell kann man hieraus sicher schließen, daß die Wasserentnahme im Sinne eines Optimums möglichst spät geschieht, denn die kostenmäßig negative Wirkung durch die Wasserentnahme aus den Speichern ist dann sicher am kleinsten, da die Speicher, über den gesamten Zeitraum gesehen, dann am längsten gefüllt bleiben.

Bei der Festlegung des Zeitraumes $[T_0, T_1]$ ist man aber gewöhnlich davon ausgegangen, daß sich der Betrieb in einem anschließenden äquivalenten Zeitraum möglichst zyklisch wiederholt. Nun folgt aber aus dem oben Gesagten, daß es einen solchen optimalen zyklischen Betrieb nur bei der Wahl eines unendlich großen Zeitraumes geben kann, denn wenn man z.B. als Zeitraum ein Jahr wählen würde, so sieht die Lösung für V(t) prinzipiell etwa wie im Bild 3.3–3 aus, V(t) würde erst kurz vor T_1 gegen den vorgegebenen Endwert streben. Bei einer gleichartigen Wiederholung der Rechnung für das folgende Jahr würde hierfür die Lösung bei sonst gleichen Gegebenheiten gleich aussehen. Wenn man dagegen den Zeitraum von vornherein auf zwei Jahre auslegt, so erhält man eine von der Summe der ersten beiden Lösungen völlig verschiedene Gesamtlösung, denn auch hier würde das Optimum ein Abfahren des Speichers erst am Ende des Betrachtungszeitraumes zulassen. Wichtige Schlußfolgerung: Es ist in diesem Zusammenhang nicht zulässig, begrenzte Zeiträume zu betrachten.

Von der Theorie her ist es also unumgänglich, einen unendlich weit in die Zukunft reichenden Zeitraum zu betrachten. Nun ist es aber numerisch sehr unbequem, sehr lange Zeiträume berücksichtigen zu müssen. Hier kommt uns aber wieder die Struktur des Problems entgegen, denn wenn der Betrachtungszeitraum über sehr viele Jahre ausgedehnt wird, so wird zumindest für das erste Jahr der Ausdruck

$$\sum_{t=t}^{T} \lambda_t \left[\left(1 - \frac{\partial P_{Vt}}{\partial P_{Ht}}\right) \frac{\partial P_{Ht}}{\partial V_t} \Delta t\right] = [c] \text{ für } t \ll T_1, \tag{3.3–20}$$

also konstant, so daß wir schreiben können

$$-(\nabla F)_{V_t} = [J]\,[c] - \lambda_t \left[\left(1 - \frac{\partial P_{Vt}}{\partial P_{Ht}}\right) \frac{\partial P_{Ht}}{\partial Q_t}\right]. \tag{3.3–21}$$

Für unseren Gesamtgradienten erhalten wir dann

$$\begin{aligned} -(\nabla F)_{P_t} &= e^{-pt} \left[\frac{dK_t}{dP_t}\right] - \lambda_t \left[\left(1 - \frac{\partial P_{Vt}}{\partial P_t}\right)\right], \\ -(\nabla F)_{Q_t} &= [J]\,[c] - \lambda_t \left[\left(1 - \frac{\partial P_{Vt}}{\partial P_{Ht}}\right) \frac{\partial P_{Ht}}{\partial Q_t}\right]. \end{aligned} \tag{3.3–22}$$

Voraussetzung für die Anwendung dieses Gradienten ist nun gerade, daß man nur einen beschränkten Zeitraum von einem oder wenigen Jahren betrachten darf, was man ja erreichen wollte. Daneben hat sich der Rechenaufwand beträchtlich verringert, denn man hat es jetzt nur noch mit einem Gleichungssystem anstatt eines Differentialgleichungssystems zu tun, bei dem das gespeicherte Volumen nicht mehr als unabhängige, sondern nur noch als abhängige Variable auftritt.

3.3.3. Aufteilung in hydraulische und thermische Optimierung und Elimination der Lagrange-Multiplikatoren

Um die Lösung zu finden, geht man von einer willkürlichen Startsituation aus in Richtung des jetzt gefundenen Gradienten auf das Kostenminimum zu. Um nicht alle Komponenten des Gradienten auch in Richtung der Lagrange-Multiplikatoren beachten zu müssen, setzen wir zunächst voraus, daß die Startsituation so beschaffen ist, daß alle Gleichungs- und Ungleichungsnebenbedingungen nicht verletzt sind. Unter dieser Annahme läßt sich der Bewegungsraum unserer Variablen so einschränken, daß nur noch solche Veränderungen der Startfunktion zugelassen sind, die auch weiterhin keine Verletzung der Nebenbedingungen hervorrufen.

Da alle Änderungen der Startfunktion in Richtung des negativen Gradienten erfolgen sollen, muß man diesen insgesamt so transformieren, daß eine Reihe von Teilsummen von Komponenten verschwinden, und zwar diejenigen, welche den Nebenbedingungen entsprechen.

Im Hinblick auf eine numerische Durchführung der Optimierungsrechnung ist es zweckmäßig, die Gleichungsnebenbedingung (3.3–2) in die Terme aufzuspalten, von denen die Gesamtkosten direkt abhängen und in Terme, von denen sie nur indirekt abhängen. Hierdurch wird es möglich, wie später noch gezeigt wird, die Gesamtminimierungsaufgabe in eine Folge von rekursiv ablaufenden einfacheren Teilminimierungsaufgaben zu unterteilen.

Im ersten Teilschritt wird dann entsprechend der Startfunktionen nur die Verteilung der thermischen Leistungen optimiert und anschließend zu diesem Teiloptimum der Einsatz der Wasserkraftwerke optimiert. In diesem zweiten Teilschritt werden die Nebenbedingungen für den ersten Teilschritt verändert, so daß dieser zu wiederholen ist. Hierdurch werden wiederum die Randbedingungen für das Optimum des Wasserkraftwerkseinsatzes beeinflußt, so daß dann auch der zweite Teilschritt erneut durchgeführt werden muß. Dieser Prozeß ist so oft zu wiederholen, bis Konvergenz eingetreten ist. Die Unterteilung von (3.3–2) wird so vorgenommen, daß für jeden Zeitpunkt t

$$\sum_{n=1}^{N} \Delta P_{nt} = 0. \tag{3.3–23}$$

Diese Forderung (3.3–23) ist nicht ganz exakt, denn es tritt bei jeder Einspeiseleistungsänderung auch eine Änderung der Netzverluste ein. Da P_{H_m} in diesem Iterationsschritt konstant zu halten ist, müßte die Forderung (3.3–23) vollständig lauten

$$\sum_{n=1}^{N} P_{nt} - P_{V_t} = P_{L_t} - \sum_{m=1}^{M} P_{H_{mt}} . \tag{3.3–24}$$

Wenn aber die Bilanzbedingung durch die Bewegung in Gradientenrichtung nicht verletzt werden soll, so müßte der Gradient der folgenden Bedingung

$$\alpha \sum_{n=1}^{N} (\nabla F)_{P_{nt}} - \Delta P_{V_t} = 0 \tag{3.3–25}$$

mit

$$\Delta P_{V_t} = \sum_{n=1}^{N} \frac{\partial P_{V_t}}{\partial P_{nt}} \Delta P_{nt} . \tag{3.3–26}$$

unterworfen werden. Es müßte also die Summe der Gradientenkomponenten nicht ganz verschwinden, sondern es ist

$$\sum_{n=1}^{N} (\nabla F)_{P_{nt}} = \alpha^{-1} \sum_{n=1}^{N} \frac{\partial P_{V_t}}{\partial P_{nt}} \Delta P_{nt} . \tag{3.3–27}$$

Da man aber erstens durch die Separierung der Aufgabe immer in jedem Schritt eine Kontrolle und Korrektur der Leistungsbilanz durchführen muß und zweitens die Netzverluste immer hinreichend klein sind gegenüber der Summe der einspeisenden Leistungen, kann man an dieser Stelle

$$\alpha^{-1} \sum_{n=1}^{N} \frac{\partial P_{V_t}}{\partial P_{nt}} \Delta P_{nt} \approx 0 \tag{3.3–28}$$

setzen.

Nach Ablauf des darauf folgenden zweiten Teilschrittes wird sich aufgrund der jetzt gemachten Einschränkungen eine Leistungsmißbilanz für die thermischen Leistungen ergeben, die sich aber leicht berechnen läßt, denn es ist

$$\Delta \sum_{n=1}^{N} P_{nt} = - \sum_{m=1}^{M} \Delta P_{H_{mt}} + \Delta P_{V_t} , \tag{3.3–29}$$

oder, wenn man für

$$\Delta P_V = \sum_{n=1}^{N} \frac{\partial P_V}{\partial P_n} \Delta P_n + \sum_{m=1}^{M} \frac{\partial P_V}{\partial P_{Hm}} \Delta P_{Hm} \qquad (3.3\text{–}30)$$

setzt, erhält man aus (3.3–29)

$$\Delta \sum_{n=1}^{N} P_{nt} = - \sum_{m=1}^{M} \Delta P_{H_{mt}} \left(1 - \frac{\partial P_{Vt}}{\partial P_{H_{mt}}}\right) + \sum_{n=1}^{N} \frac{\partial P_{Vt}}{\partial P_{nt}} \Delta P_{nt} . \qquad (3.3\text{–}31)$$

Eine Mißbilanz muß also so ausgeglichen werden, daß

$$\Delta \sum_{n=1}^{N} P_{nt} \left(1 - \frac{\partial P_{Vt}}{\partial P_{nt}}\right) = - \sum_{m=1}^{M} \Delta P_{H_{mt}} \left(1 - \frac{\partial P_{Vt}}{\partial P_{H_{mt}}}\right) \qquad (3.3\text{–}32)$$

erfüllt ist. Der Ausgleich der Mißbilanz kann bei willkürlich gewählten Anlagen erfolgen, für die restlichen verschwinden dann die entsprechenden Summanden.

Zur Elimination der Lagrange-Multiplikatoren sind nun einmal alle Teilsummen derjenigen Gradientenkomponenten zu bilden, die mit dem thermischen Teil der Leistungsbilanz, also (3.3–23), in Verbindung stehen und aus denen sich alle λ_t explizit ausdrücken lassen, und zum zweiten diejenigen Teilsummen, welche im hydraulischen Teil die isoperimetrischen Nebenbedingungen (3.3–11) betreffen:

$$\sum_{n=1}^{N} \left(e^{-pt} \frac{dK_{nt}}{dP_{nt}} - \lambda_t \left(1 - \frac{\partial P_{Vt}}{\partial P_{nt}}\right)\right) = 0 ,$$

$$(3.3\text{–}33)$$

$$\sum_{t=1}^{T_1} \left([J]\,[c] - \lambda_t \left[\left(1 - \frac{\partial P_{Vt}}{\partial P_{Ht}}\right) \frac{\partial P_{Ht}}{\partial Q_t}\right]\right) = 0 .$$

Man kann daraus alle Lagrange-Multiplikatoren eliminieren:

$$\lambda_t = \frac{\displaystyle\sum_{n=t}^{N} e^{-pt} \frac{dK_{nt}}{dP_{nt}}}{\displaystyle\sum_{n=1}^{N} \left(1 - \frac{\partial P_{Vt}}{\partial P_{nt}}\right)} = \overline{\lambda}_t , \qquad (3.3\text{–}34)$$

$$[c] = [J]^{-1} \left[\frac{1}{T_1} \sum_{t=1}^{T_1} \bar{\lambda}_t \left(1 - \frac{\partial P_{Vt}}{\partial P_{Ht}}\right) \frac{\partial P_{Ht}}{\partial Q_t} \right] = [\bar{c}] . \qquad (3.3\text{–}35)$$

Diese Ausdrücke (3.3–33) für die Lagrange-Multiplikatoren sind in die Gradientenkomponenten einzusetzen. Hierbei ist zu beachten, daß $[J]\,[J]^{-1} = [1]$ ist:

$$e^{-pt} \left[\frac{dK_t}{dP_t} - \bar{\lambda}_t \left(1 - \frac{\partial P_{Vt}}{\partial P_t}\right) \right] = -(\bar{\nabla} F)_{P_t}$$

$$(3.3\text{–}36)$$

$$\frac{1}{T_1} \sum_{t=1}^{T_1} \bar{\lambda}_t \left[\left(1 - \frac{\partial P_{Vt}}{\partial P_{Ht}}\right) \frac{\partial P_{Ht}}{\partial Q_t} \right] - \bar{\lambda}_t \left[\left(1 - \frac{\partial P_{Vt}}{\partial P_{Ht}}\right) \frac{\partial P_{Ht}}{\partial Q_t} \right] = -(\bar{\nabla} F)_{Q_t} .$$

Der Querstrich über dem Gradienten soll kennzeichnen, daß dieser transformiert wurde. Das wichtigste Ergebnis dieser Transformation ist, daß, bezogen auf den Optimierungsprozeß, die Speicherkraftwerke alle vollkommen entkoppelt sind, denn in den den Speichern zugeordneten Gradientenkomponenten stehen nur noch Größen, die sich allein auf den zugehörigen Speicher beziehen. Auch hier haben jetzt alle Gleichungen, die den Wasseraustausch zwischen den Speichern regeln, nur parametrische Bedeutung.

Ob man den Kostenbarwert optimieren oder jeden Zeitpunkt des Zeitraums als gleichwertig betrachten soll, ist eine prinzipielle Frage. Wir müssen beachten, daß auch die Barwertformel die Symmetrie der Lösung stört, da durch sie frühere Zeitpunkte gegenüber späteren hinsichtlich des generatorischen Einsatzes bevorzugt werden. Im Normalfall wird man auf die Barwertrechnung verzichten, da diese gewöhnlich eine schlechtere Versorgungssicherheit liefert durch die frühere Inanspruchnahme der gespeicherten Energie und entsprechend verzögerter Speicherung neuer Energie. Hier wurde die Barwertrechnung aus Gründen der Vollständigkeit aufgenommen.

3.3.4. Ermittlung optimaler Schrittlängen

Mit dem Gradienten hat man lediglich die Richtung gefunden, in die man sich bewegen muß, um dem Minimum näher zu kommen. Normalerweise liegt aber das Minimum nicht genau in dieser Richtung; man kann es also nicht in einem Schritt erreichen. Wie weit soll man aber gehen, um eine möglichst optimale Annäherung an den Bestpunkt zu erreichen? Diese Frage ist dann beantwortet, wenn man in Gradientenrichtung ein Kostenminimum gefunden hat. Da alle Gleichungsnebenbedingungen bereits im Gradienten berücksichtigt wurden, ist jetzt nur noch die Kostensumme allein als Zielfunktion zu betrachten.

Für die erste Teiloptimierung der thermischen Leistungen kann man die Länge des Weges in Richtung des Gradienten bis zu einem lokalen Minimum entweder durch ein quadratisches Interpolationsverfahren leicht berechnen, oder indem man die Kostensumme für die Gradientenrichtung in eine Taylorreihe entwickelt und nach dem quadratischen Glied abbricht, also die entstehende quadratische Funktion ersatzweise minimiert.

Beim ersten Weg wählt man willkürlich außer dem Gradientenbezugspunkt zwei weitere Punkte und legt eine Parabel durch die so gefundenen drei Funktionswerte. Diese Ersatzparabel wird dann minimiert. Durch den gefundenen neuen Punkt und die beiden letzten Punkte der ersten Parabel wird eine neue Parabel gelegt und wiederum minimiert. Diesen Prozeß wiederholt man rekursiv so lange, bis Konvergenz eintritt. Beim zweiten Weg wird die Gesamtkostensumme der thermischen Leistungen in Richtung des Gradienten in eine Taylorreihe entwickelt:

$$\sum_{n=1}^{N} K_{nt}(P_{nt} + \alpha\,(\bar{\nabla}F)_{P_{nt}}) = \sum_{n=1}^{N} K_{nt}(P_{nt}) +$$

$$+\,\alpha \sum_{n=1}^{N} \frac{\partial K_{nt}}{\partial P_{nt}}\,(\bar{\nabla}F)_{P_{nt}} + \frac{\alpha^2}{2} \sum_{n=1}^{N} \frac{\partial^2 K_{nt}}{\partial P_{nt}^2}\,(\bar{\nabla}F)^2_{P_{nt}}\,. \tag{3.3–37}$$

Wenn man die quadratische Funktion in α ersatzweise minimiert, so erhält man für α

$$\alpha = \frac{\displaystyle\sum_{n=1}^{N} \frac{\partial K_{nt}}{\partial P_{nt}}\,(\bar{\nabla}F)_{P_{nt}}}{\displaystyle\sum_{n=1}^{N} \frac{\partial^2 K_{nt}}{\partial P_{nt}^2}\,(\bar{\nabla}F)^2_{P_{nt}}}\,. \tag{3.3–38}$$

Diese Darstellung ist dann sehr gut anwendbar, wenn die Zuwachskostenkurven näherungsweise linear verlaufen. In der Praxis ist es nun so, daß sie in sehr guter Näherung durch lineare Polygonzüge approximierbar sind, so daß man durch rekursive Anwendung dieser Formel für α sehr schnell iterativ das optimale α erreicht. Hierbei sind die Gradientenkomponenten $\bar{\nabla}$ unverändert zu lassen, während für die Zuwachskostenwerte und deren Steigungen die nach jedem Schritt gewonnenen neuen Werte einzusetzen sind.

Auch bei der zweiten Teilaufgabe läßt sich eine entsprechende Taylor-Entwicklung durchführen, um eine optimale Schrittweite zu ermitteln, nur wird diese hier komplizierter. Die Entwicklung muß für die Kostenfunktion in Richtung der Komponenten des Gesamtgradienten erfolgen, die durch die Turbinendurchflüsse der Wasserkraftwerke gegeben sind:

$$\sum_{t=1}^{T} \sum_{n=1}^{N} K_{nt}\left(\sum_{m=1}^{M} (Q_{mt} + \beta\, (\bar{\nabla} F)_{Q_{mt}}) \right) =$$

$$= \sum_{t=1}^{T} \left\{ \sum_{n=1}^{N} K_{nt}\left(\sum_{m=1}^{M} Q_{mt} \right) + \beta \sum_{n=1}^{N} \frac{\partial K_{nt}}{\partial \sum_{m=1}^{M} Q_{mt}} \sum_{m=1}^{M} (\bar{\nabla} F)_{Q_{mt}} + \right.$$

$$\left. + \frac{\beta^2}{2} \sum_{n=1}^{N} \frac{\partial^2 K_{nt}}{\left(\partial \sum_{m=1}^{M} Q_{mt} \right)^2} \left(\sum_{m=1}^{M} (\bar{\nabla} F)_{Q_{mt}} \right)^2 \right\}. \tag{3.3–39}$$

Nach der Differentiation nach β erhält man für ein optimales β daraus den Ausdruck

$$\beta = - \frac{\sum_{t=1}^{T} \sum_{n=1}^{N} \frac{\partial K_{nt}}{\partial \sum_{m=1}^{M} Q_{mt}} \sum_{m=1}^{M} (\bar{\nabla} F)_{Q_{mt}}}{\sum_{t=1}^{T} \sum_{n=1}^{N} \frac{\partial^2 K_{nt}}{\left(\partial \sum_{m=1}^{M} Q_{mt} \right)^2} \left(\sum_{m=1}^{M} (\bar{\nabla} F)_{Q_{mt}} \right)^2} . \tag{3.3–40}$$

Da nun erstens die Netzverluste genügend klein sind gegenüber der Summe der einspeisenden Leistungen und zweitens jede Mißbilanz zwischen einspeisenden Leistungen und den geforderten Lasten im Iterationsprozeß mit Hilfe von (3.3–32) ausgeglichen wird, kann man für die weiteren Betrachtungen in der Leistungsbilanz die Netzverluste vernachlässigen. Näherungsweise kann man also schreiben

$$\sum_{n=1}^{N} P_{nt} + \sum_{m=1}^{M} P_{H_{mt}} \approx P_L(t) . \tag{3.3–41}$$

Außerdem erhält man für

$$\sum_{n=1}^{N} \frac{\partial K_{nt}}{\partial \sum\limits_{m=1}^{M} Q_{mt}} = \frac{\partial \sum\limits_{n=1}^{N} K_{nt}}{\partial \sum\limits_{n=1}^{N} P_{nt}} \cdot \frac{\partial \sum\limits_{n=1}^{N} P_{nt}}{\partial \sum\limits_{m=1}^{M} P_{H_{mt}}} \cdot \frac{\partial \sum\limits_{m=1}^{M} P_{H_{mt}}}{\partial \sum\limits_{m=1}^{M} Q_{mt}} \qquad (3.3\text{–}42)$$

$$\sum_{n=1}^{N} \frac{\partial^2 K_{nt}}{\partial \left(\sum\limits_{m=1}^{M} Q_{mt}\right)^2} = \frac{\partial^2 \sum\limits_{n=1}^{N} K_{nt}}{\partial \left(\sum\limits_{n=1}^{N} P_{nt}\right)^2} \left(\frac{\partial \sum\limits_{n=1}^{N} P_{nt}}{\partial \sum\limits_{m=1}^{M} P_{H_{mt}}} \; \frac{\partial \sum\limits_{m=1}^{M} P_{H_{mt}}}{\partial \sum\limits_{m=1}^{M} Q_{mt}} \right)^2 +$$

$$+ \frac{\partial \sum\limits_{n=1}^{N} K_{nt}}{\partial \sum\limits_{n=1}^{N} P_{nt}} \; \frac{\partial}{\partial \sum\limits_{m=1}^{M}} \left(\frac{\partial \sum\limits_{n=1}^{N} P_{nt}}{\partial \sum\limits_{m=1}^{M} P_{H_{mt}}} \; \frac{\partial \sum\limits_{m=1}^{M} P_{H_{mt}}}{\partial \sum\limits_{m=1}^{M} Q_{mt}} \right) . \qquad (3.3\text{–}43)$$

Aufgrund der getroffenen Vereinfachungen hinsichtlich der Netzverluste ist aber

$$\frac{\partial \sum\limits_{n=1}^{N} P_{nt}}{\partial \sum\limits_{m=1}^{M} P_{H_{mt}}} \approx -1 \, . \qquad (3.3\text{–}44)$$

Da andererseits die Kostenfunktionen der thermischen Kraftwerke bzw. die Wasserverbrauchsfunktionen der Wasserkraftwerke nur von den jeweils zugehörigen Wirkleistungen abhängig sind, ist

$$\frac{\partial \sum\limits_{n=1}^{N} K_{nt}}{\partial \sum\limits_{n=1}^{N} P_{nt}} = \sum_{n=1}^{N} \frac{dK_{nt}}{dP_{nt}}$$

bzw.

$$\frac{\partial \sum\limits_{m=1}^{M} P_{H_{mt}}}{\partial \sum\limits_{m=1}^{M} Q_{mt}} = \sum_{m=1}^{M} \frac{\partial P_{H_{mt}}}{\partial Q_{mt}}. \tag{3.3–45}$$

Wenn man diese Ausdrücke in (3.3–40) für das optimale β einsetzt, erhält man

$$\beta = \frac{\sum\limits_{t=1}^{T} \sum\limits_{n=1}^{N} \sum\limits_{m=1}^{M} \left(\frac{dK_{nt}}{dP_{nt}} \frac{\partial P_{H_{mt}}}{\partial Q_{mt}} \sum\limits_{m=1}^{M} (\bar{\nabla} F)_{Q_{mt}} \right)}{\sum\limits_{t=1}^{T} \sum\limits_{n=1}^{N} \left(\frac{d^2 K_{nt}}{dP_{nt}^2} \left(\sum\limits_{m=1}^{M} \frac{\partial P_{H_{mt}}}{\partial Q_{mt}} \right)^2 - \frac{dK_{nt}}{dP_{nt}} \sum\limits_{m=1}^{M} \frac{\partial^2 P_{H_{mt}}}{\partial Q_{mt}^2} \right) \left(\sum\limits_{m=1}^{M} (\bar{\nabla} F)_{Q_{mt}} \right)^2} \tag{3.3–46}$$

Ähnlich wie (3.3–38) ist auch diese Formel rekursiv anzuwenden, und man kann auch in diesem Fall praktisch immer mit einer sehr schnellen Konvergenz rechnen.

Selbstverständlich kann man hier ebenfalls die optimale Schrittweite alternativ mit Hilfe einer quadratischen Interpolation ermitteln. Die Konvergenz ist normalerweise bei geeigneter Wahl der Schrittweite von β ähnlich gut, nur ist der Rechenaufwand für die Berechnung eines jeden Schrittes sicher größer.

3.3.5. Berücksichtigung der Bereichseinschränkungen

Bis jetzt wurde keinerlei Rücksicht auf alle Ungleichungsbedingungen genommen. Es ist also noch zu untersuchen, welche Wirkungen diese auf die Lösung ausüben bzw. wie sie im Lösungsalgorithmus Berücksichtigung finden können.

Die Ungleichungsbedingungen (3.3–3), (3.3–4) und (3.3–5) sind leicht in zwei Gruppen unterteilbar, nämlich in Leistungseinschränkungen und Energieeinschränkungen. Leistungsgrößen sind in diesem Problem differentielle Größen, deren Beschränkung sich jeweils nur auf einen Augenblick auswirkt, während Energie- oder Volumengrößen integrale Größen sind, deren Einschränkung Einfluß auf größere Zeiträume hat. In unserem Lösungsverfahren bedeutet dies, daß man die Zielfunktion in Richtung des Gradienten jeweils nur so weit verändern darf, bis man zum ersten Male eine Grenze erreicht.

Wenn eine solche Grenze erreicht wird, die durch eine Leistungsgröße bestimmt ist, darf man diese nicht weiter über die Grenze hinaus verändern.

Andererseits muß aber die Bedingung erhalten bleiben, daß die zugehörigen Komponentensummen verschwinden müssen. Man darf also nicht einfach die Gradientenkomponente zu Null machen, deren Leistung an eine Grenze stößt, sondern es muß die nicht transformierte Gradientenkomponente gleich Null gesetzt und anschließend die Transformation neu durchgeführt werden.

Beim Erreichen einer Speichervolumengrenze ist etwas anders zu verfahren. Hier teilt sich der Zeitbereich auf in mehrere Abschnitte, und zwar sind die Abschnitte gegeben durch die Grenzpunkte, die sowohl auf den seitlichen Grenzen (wenn Anfangs- und Endpunkte festgehalten werden sollen) als auch auf den oberen und unteren Grenzen liegen können (wenn Volumengrenzen erreicht sind, Bild 3.3–4). Die Kurven V(t) bzw. Q(t) sind dann nur noch zwischen diesen Punkten frei beweglich. Es muß jetzt auch die Transformation des Gradienten zwischen diesen Punkten, die als festzuhaltende Stützpunkte aufzufassen sind, getrennt durchgeführt werden.

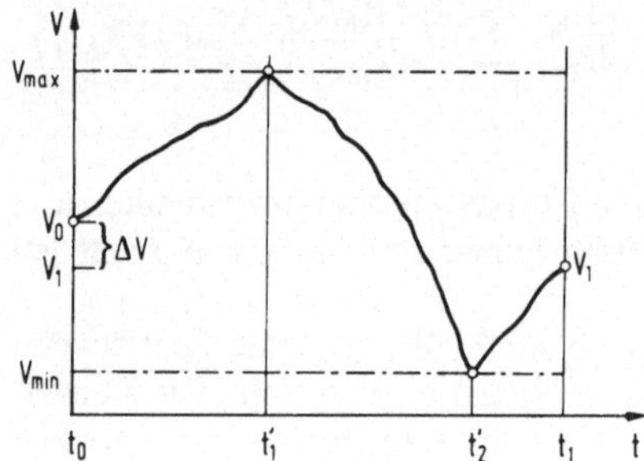

Abb. 3.3–4: Beschränkung des Speichervolumens

3.4. Wasserverbrauchskurven von Wasserkraftwerken [127]

Die Wasserverbrauchskurven stellen die Abhängigkeit zwischen der elektrischen Leistung, die ein Wasserkraftwerk abgibt, und der dafür verbrauchten Wassermenge pro Zeiteinheit dar. Die mechanische Bruttoleistung eines Wasserkraftwerkes läßt sich leicht durch die zeitliche Änderung der potentiellen Energie des gespeicherten Wassers darstellen. Es ist also

$$P_{mech} = \gamma H \dot{V} \qquad (3.4\text{–}1)$$

Hierin bedeuten γ das spezifische Gewicht des Wassers, H die Fallhöhe als Pegeldifferenz zwischen Ober- und Unterwasserspiegel und V die zeitliche Änderung des gespeicherten Wasservolumens. Wenn man mit c' das mechanisch-elektrische Äquivalent bezeichnet, und η den Gesamtwirkungsgrad des Kraftwerkes darstellt, dann ergibt sich die elektrische Leistung des Wasserkraftwerkes zu

$$-\eta\,\gamma\,c'\,H\,\dot{V} = P_H\,(H;\dot{V}). \tag{3.4–2}$$

Darin ist ähnlich wie bei den thermischen Kraftwerken η das Produkt aus allen Teilwirkungsgraden

$$\eta = \eta_R\,\eta_T\,\eta_G\,\eta_{Tr} \tag{3.4–3}$$

(Indizes: R = Rohrleitung, T = Turbine, G = Generator, Tr = Transformator). Alle diese Teilwirkungsgrade sind normalerweise wieder Funktionen der abgegebenen elektrischen Wirkleistung. Die beiden Konstanten γ und c' kann man zu einer gemeinsamen Konstanten c zusammenfassen und erhält damit die elektrische Leistung des Kraftwerkes zu

$$-\eta\,(H;\dot{V})\,c\,H\,\dot{V} = P_H\,(H;\dot{V}). \tag{3.4–4}$$

Nun besteht aber zwischen dem gespeicherten Wasservolumen und der Fallhöhe ein fester Zusammenhang, der durch

$$\frac{dV}{dH} = q(H) \tag{3.4–5}$$

gegeben ist. Aus (3.4–5) kann man eine feste Funktion H(V) ermitteln, und diese für H in (3.4–4) einsetzen. Damit wird die elektrische Leistung eine Funktion der beiden unabhängigen Veränderlichen V und $\dot{V}$. Es ist leicht einzusehen, daß die Abhängigkeit von V umso größer wird, je kleiner die Fallhöhe wird, da bei solchen Anlagen die Fallhöhenschwankungen relativ zur Fallhöhe selbst ansteigen. Bei vielen Hochdruckanlagen kann in guter Näherung die Fallhöhe als konstant angenommen werden.

3.5. Optimale Maschinenauswahl für den Betrieb (Unit commitment)

Unter einem optimalen Maschineneinsatz soll in diesem Zusammenhang sowohl die Auswahl der zur Deckung der Netzlast heranzuziehenden Maschinen aus dem verfügbaren Maschinenpark, als auch die Bestimmung der optimalen Belastung dieser Maschinen verstanden sein. Da beim Außerbetriebnehmen und Wiedereinschalten von thermischen Kraftwerksblöcken sog. Anfahrkosten entstehen, die stark von der Stillstandszeit der Anlagen abhängen, folgt, daß man zur Lösung dieser Aufgabe immer einen größeren Zeitraum betrachten muß. In der Praxis wird meist der Fahrplan aller Anlagen für einen Tag im voraus ermittelt. Dieser Zeitraum scheint auch für diese Aufgabe sehr geeignet zu sein. Nur das Wochenende bildet eine Ausnahme, wo etwa zwei bis drei Tage gleichzeitig betrachtet werden müssen.

Ein thermischer Kraftwerksblock hat grundsätzlich den im Bild 3.5–1

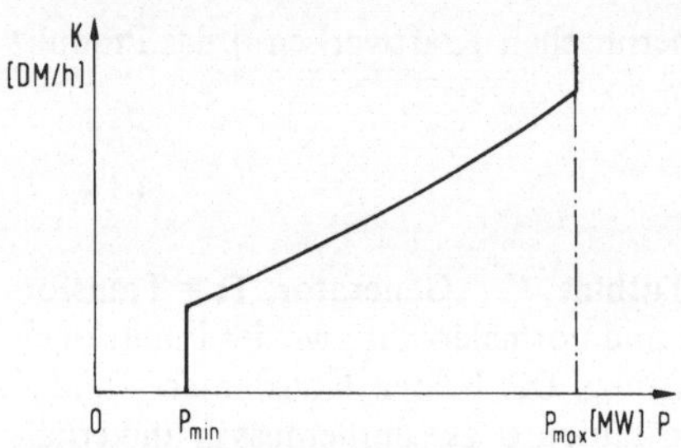

Abb 3.5–1: Prinzipieller Verlauf der Kostenkurve eines thermischen Kraftwerkblocks

gezeigten Betriebsbereich. Er kann entweder ganz abgeschaltet oder zwischen der Minimalleistung P_{min} und der Maximalleistung P_{max} belastet sein. Zu jedem Betriebspunkt dieses Bereichs läßt sich ein Betriebskostenwert in Mark pro Stunde angeben, der als Funktion der abgegebenen Wirkleistung im grundsätzlichen Verlauf wiedergegeben ist. Der Bereich zwischen P_{min} und P_{max} braucht nicht unbedingt stetig zu sein, sondern es ist auch möglich, daß diese Funktionen nur an diskreten Punkten definiert sind. Bei einer Vorausplanung ist es aber hinreichend genau, wenn man sie als stetig annimmt.

Für den Stillstand eines Blockes gibt es zwei Zustände: Entweder man läßt den Block abkühlen oder man hält ihn auf Betriebstemperatur, um wieder schneller in Betrieb gehen zu können. Für den ersten Fall ergeben sich mit wachsender Stillstandszeit ebenfalls wachsende Wiederanfahrkosten, denn die abgegebene Wärmemenge muß dem Block wieder zugeführt werden.

Dieser Zusammenhang zwischen Stillstandszeit und Anfahrkosten ist im Bild 3.5–2 im Prinzip angegeben. Da es sich hier im wesentlichen um einen Abkühlungsvorgang handelt, ist die Anfahrkostenfunktion näherungsweise eine Exponentialfunktion, die asymptotisch gegen einen Grenzwert strebt, der bei völlig kalter Maschine gilt. Wenn man die Anlage dauernd auf Be-

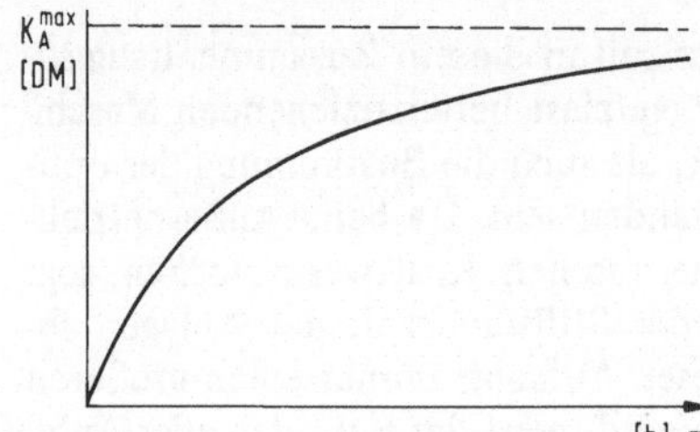

Abb. 3.5–2: Abhängigkeit der Anfahrkosten eines thermischen Blockes von der vorausgegangenen Stillstandszeit

triebstemperatur halten will, muß man während der ganzen Stillstandszeit gleichmäßig den Wärmeverlust ausgleichen. Da die Maschine dabei dauernd wärmer ist als im ersten Fall, geht insgesamt mehr Wärme verloren. Im folgenden kann dieser Fall als Spezialfall des ersten behandelt werden.

Für die Lösung des Gesamtproblems wird hier ein iterativer „Dynamic Programming"-Algorithmus angegeben, mit dessen Hilfe die Lösung exakt erreicht wird (Bild 3.5–3). Voraussetzung ist, daß die Kostenkurven der einzelnen Anlagen mindestens einfach konvex sind, da sonst für eine eindeutige Lösung nicht garantiert werden kann. Die Lastprognose braucht im übrigen nicht übermäßig präzise zu sein, da kleine Lastabweichungen kaum

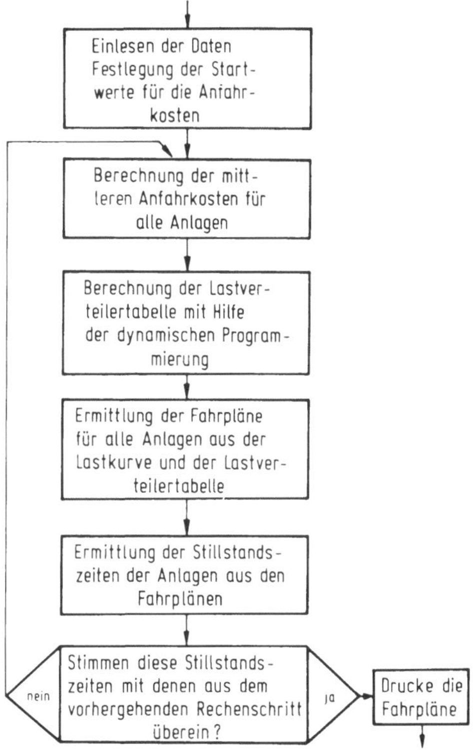

Abb. 3.5–3: Schematisches Flußdiagramm des Rechenablaufs

Einfluß auf die Lösung haben. Im ersten Rechenschritt wird für jede Maschine der Anfahrkostenwert ermittelt, welcher nach einer so großen Stillstandszeit auftreten würde, wie sie in dem betrachteten Zeitraum nicht auftritt. Dies können auch diejenigen Anfahrkosten sein, die beim vollständigen Kaltstart auftreten würden.

Diesen Anfahrkostenwert K_A dividiert man durch die zugehörige Stillstandszeit τ und erhält einen mittleren stündlichen Anfahrkostenwert, der aber nur gültig ist in Verbindung mit dem zugehörigen Zähler und Nenner der Division. Diese mittleren Anfahrkostenwerte ordnet man in einer ersten Näherung den Nullpunkten der Kostenkurven einer jeden Maschine (entsprechend Bild 3.5–1) zu. Wenn man mit dieser so ergänzten Kostenkurve rechnen würde, so wird dieses ziemlich sicher zu falschen Ergebnissen führen, da man bei der richtigen Lösung auf jeden Fall mit Stillstandszeiten rechnen muß, auf die die Kostenwerte in den Nullpunkten der Kostenkurven bezogen sind. Es soll aber trotzdem im ersten Schritt angenommen werden, daß diese Stillstandszeiten auch erreicht werden. Im weiteren Verlauf der Rechnung soll es dann Gegenstand einer übergeordneten Iteration sein, diese Fehlannahme systematisch zu korrigieren.

Im zweiten Rechenschritt wird mit allen verfügbaren Maschinen und sonstigen Leistungsquellen (Vertragsleistungen) eine Tabelle aufgebaut, in der zu jeder möglichen Summenleistung, die aus der Gesamtheit der Leistungsquellen gebildet werden kann, die zugehörige optimale Verteilung dieser Summenleistungen auf die einzelnen Quellen berechnet wird. Hierbei werden die Netzverluste vernachlässigt, da sie kaum Einfluß auf die Tabellenwerte haben*. Da die einzelnen Kostenkurven aufgrund des zugelassenen Nullpunktes sowohl unstetig als auch nur stückweise definiert sind, ist eine Berechnung dieser Tabelle praktisch nur mit Hilfe der dynamischen Programmierung möglich. Das Rechenverfahren selbst wurde im Abschn. 2.7 beschrieben.

Wenn man mit einer willkürlichen Reihenfolge der Maschinen beginnt, kann man zur Bildung der Tabelle die folgende Rekursionsformel angeben:

$$f_i(P_L) = \underset{\{P_{D_i}\}}{\mathrm{Min}} \left\{ K_{D_i}(P_{D_i}) + f_{i-1}(P_L - P_{D_i}) \right\} \tag{3.5–1}$$

mit $i = 2, 2, \dots n$.

Für den Start der Rechnung gilt

$$f_1(P_L) = K_{D_1}(P_{D_1}) \,. \tag{3.5–2}$$

Der praktische Ablauf der Rechnung geht wie folgt vor sich: Man bildet zunächst aus den ersten beiden willkürlich ausgewählten Anlagen für alle aus diesen Anlagen möglichen Summenleistungen ihre optimale Verteilung auf die beiden Anlagen. Sodann betrachtet man die Kombination dieser beiden Anlagen als eine Ersatzmaschine und berechnet dann aus dieser und einer weiteren Anlage nach genau dem gleichen Algorithmus die optimale Kombination aus den drei Anlagen. Dieser Prozeß wiederholt sich solange, bis alle

---

* Grundsätzlich ist es auch möglich, die Netzverluste zu berücksichtigen, nur wächst dadurch der Rechenaufwand beträchtlich.

Anlagen in der Ersatzmaschine enthalten sind. Danach ist die Tabelle vollständig. Bei dieser Rechnung wird also P_L als laufender Parameter betrachtet.

Im dritten Hauptrechenschritt ermittelt man mit Hilfe dieser Lastverteilungstabelle und der prognostizierten Netzbelastungskurve den optimalen Fahrplan für alle Anlagen. Dieser Schritt ist recht einfach, da man nichts weiter zu tun hat, als zu jedem Lastwert der Lastkurve aus der berechneten Tabelle die zugehörige Lastverteilung auf die einzelnen Anlagen herauszusuchen.

Wenn dieser Vorgang abgeschlossen ist, hat man sich wieder der ursprünglichen Annahme über die Anfahrkosten zu erinnern. Es muß also jetzt überprüft werden, ob die dort angenommenen Stillstandszeiten mit denen, die jetzt aus dem optimalen Fahrplan sich ergeben, übereinstimmen. Mit großer Wahrscheinlichkeit wird dies nicht der Fall sein. Aber man kann sicher sagen, daß aufgrund der angenommenen sehr langen Stillstandszeiten die jetzt ermittelten nur kleiner oder gleich geworden sein können und zwar aufgrund der Konkavität der Anfahrkostenfunktion. Dieses ist ein wichtiger Tatbestand und eine Voraussetzung für die Konvergenz der jetzt beginnenden Iteration. Die Konvergenz ist monoton.

Der zweite Gesamtiterationsschritt beginnt jetzt damit, daß man für jede der im ersten Schritt ermittelten Stillstandszeiten der Anlagen aus den zugehörigen Kurven entsprechend Bild 3.5–2 die Anfahrkosten sucht und diese durch die zugehörigen Stillstandszeiten dividiert. Sodann läuft der zweite und die weiteren Rechenschritte genau so ab wie der erste. Die Rechnung ist dann abgeschlossen, wenn sich die Stillstandszeiten zwischen zwei Rechenschritten nicht mehr ändern, denn dann stimmen Annahme und Forderung überein. Nach bisherigen Erfahrungen sind etwa drei bis vier Gesamtrechenschritte bis zur Lösung erforderlich.

Die praktische Durchrechnung geschieht zweckmäßigerweise aber nicht notwendig so, daß man die Netzbelastungskurve von 0 bis 24 Uhr betrachtet, sondern von Lastmaximum bis Lastmaximum, denn im Lastmaximum kennt man die erforderlichen Maschinen, die zur Deckung dieser Lastspitze herangezogen werden müssen. Hierdurch wird das Problem auf ein reines „Außerbetriebnahmeproblem“ mit daraus resultierenden eindeutigen Abschaltzeiten zurückgeführt. Wenn die Lastkurve innerhalb einer solchen Lastsenke noch andere „Untersenken“ besitzt, so sind diese in dem beschriebenen Sinne in Stufen zu berechnen.

Der anfangs erwähnte Spezialfall, daß die Blöcke während des Stillstandes warmgehalten werden, vereinfacht die Rechnung dahingehend, daß man dann nicht zu iterieren braucht. Es werden dann nur den Nullpunkten der Kostenkurven die mittleren Wärmeverlustkosten der Anlagen, die pro Stunde für das Warmhalten aufgewendet werden müssen, zugeordnet, und man erhält nach einem Gesamtschritt sofort die richtige Lösung.

Wenn man die Rechnung nicht von einem Lastmaximum aus beginnen kann, so müssen allen beteiligten Anlagen die zum Zeitpunkt des Rechnungsbeginns schon aufgelaufenen Stillstandszeiten zugeordnet werden. Daraufhin kann man dann den Beginn des Rechnungszeitraumes ebenfalls als eine Art Pseudolastmaximum betrachten und die Rechnung in genau dem gleichen Sinne durchführen, wie vorweg beschrieben wurde. Es muß aber beachtet werden, daß in einem solchen Fall das Prinzip der Zyklizität der Lösung gestört ist, so daß zwar die Lösung für den betrachteten Zeitraum optimal ist, aber nicht für einen über den betrachteten hinausgehenden Zeitraum. Hierfür ist unbedingt eine Vergleichsrechnung durchzuführen für die optimale Gestaltung des Anfangszeitpunktes des Optimierungszeitraumes.

3.6. Optimierung des hydrothermischen Verbundbetriebes mit Hilfe der dynamischen Programmierung

3.6.1. Lösung bei festen Anfangs- und Endpunkten

In einem Verbundnetz mit N Dampfkraftwerken und einem Speicherwasserkraftwerk soll die Leistungsaufteilung über einen vorgegebenen Zeitraum auf die Dampfkraftwerke und das Wasserkraftwerk so bestimmt werden, daß das Integral über die Summe der Arbeitskosten aller thermischen Kraftwerke ein Minimum wird. Diese Aufgabenstellung läßt sich wieder mathematisch formulieren:

$$\int_{t_0}^{t_1} \sum_{n=1}^{N} K_n(P_n)\, dt = \text{Min} \tag{3.6–1}$$

unter Berücksichtigung der Gleichungs- und Ungleichungsnebenbedingungen

$$\sum_{n=1}^{N} P_n + P_W - P_V = P_L(t)\,, \tag{3.6–2}$$

$$\underline{P}_n \leqslant P_n \leqslant \overline{P}_n\,, \tag{3.6–3}$$

$$\underline{Q} \leqslant Q \leqslant \overline{Q}\,, \tag{3.6–4}$$

$$\underline{V} \leqslant V \leqslant \overline{V}\,, \tag{3.6–5}$$

$$\int_{t_0}^{t_1} Q\, dt = A\,, \tag{3.6–6}$$

$$P_L + P_V \leqq \sum_{n=1}^{N} \overline{P}_n + P_W\,. \tag{3.6–7}$$

Weiter soll vorausgesetzt werden, daß die rein thermische Lastverteilung nach einem in den vorhergehenden Abschnitten beschriebenen Verfahren für alle vorkommenden Summenleistungen vorweg berechnet wurde. Die Voraussetzung der Konvexität der beteiligten Kosten- und Wasserverbrauchsfunktionen kann hier fallengelassen werden. Auch hier liefert die dynamische Programmierung das absolute Optimum dieses Problems.

Die Durchrechnung einer solchen Optimierungsaufgabe soll an einem

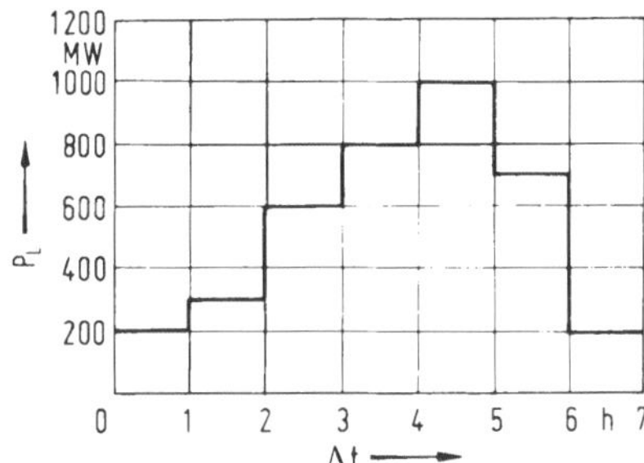

Abb. 3.6–1: Netzbelastungskurve für die Berechnung der Lösungsfunktionen in den aufgeführten Beispielen

sehr einfachen Beispiel erläutert werden. Bild 3.6–1 zeigt eine Netzbelastungskurve über einen Zeitraum von sieben Stunden. Der Zeitraum sei äquidistant in sieben Abschnitte unterteilt, innerhalb deren die Netzlast als jeweils konstant angenommen sei. Die Netzverluste seien vernachlässigbar klein. Gedeckt werden soll die Netzlast durch eine Anzahl thermischer

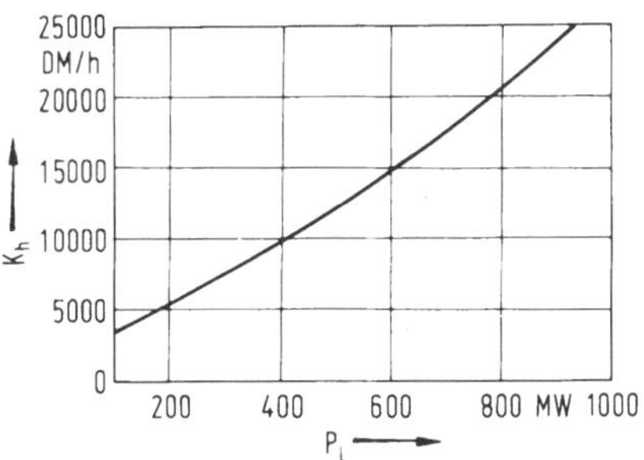

Abb. 3.6–2: Darstellung der Gesamtkosten in Abhängigkeit der Summenleistung der thermischen Kraftwerke. Diese Kostenfunktion wurde in einem gesonderten Rechenschritt durch die wirtschaftlich optimale Aufteilung auf die thermischen Kraftwerke ermittelt

Kraftwerke, für welche die Summenlast bereits vorweg optimal aufgeteilt worden ist. Hieraus sei eine Gesamtkostenkurve entstanden, die in Bild 3.6–2 gezeigt ist. Zum anderen sei an der Lastdeckung ein Pumpspeicherwerk beteiligt, dessen Wasserdurchsatzfunktion im Bild 3.6–3 wiedergegeben ist. Der Einfachheit halber sei angenommen, daß der Wasserdurchsatz im Pumpspeicherwerk unabhängig von der Fallhöhe sei, d.h. daß jeder abgegebenen elektrischen Leistung eindeutig eine erforderliche Wassermenge pro Zeiteinheit zugeordnet sei. Bild 3.6–4 schließlich zeigt den Bereich V über t, in dem die Lösungskurve V(t) nur liegen kann. Die untere Grenze dieses Bereichs ist gegeben durch die Minimalwassermenge, die im Speicher immer

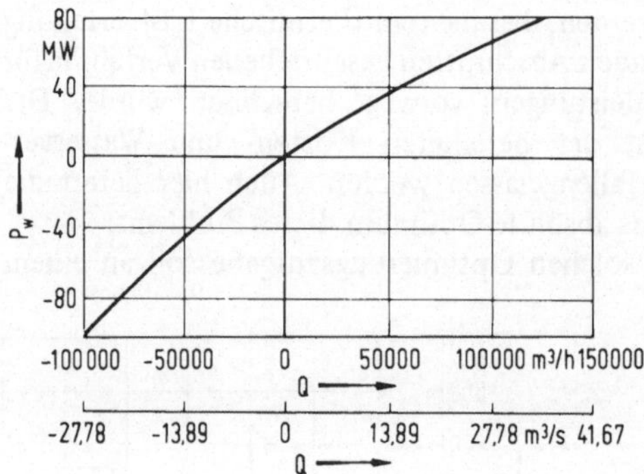

Abb. 3.6–3: Wirkleistung des Wasserkraftwerks in Abhängigkeit des Wasserdurchsatzes von Turbinen und Pumpen. Es ist $P_W = 0{,}16 \cdot 10^{-8}\,\mathrm{MWh/m^3}\,(52{,}5 \cdot 10^4\,\mathrm{m^3/h} - Q)Q$.

vorhanden sein muß, und die obere Grenze durch die Maximalwassermenge, bei deren Überschreitung der Speicher überlaufen würde.

Das auf diese Weise abgegrenzte Gebiet, ist mit einem äquidistanten Raster überzogen, das gebildet wird aus den Zeitabständen in der Abszisse und durch eine wählbare äquidistante Unterteilung in der Ordinate. In dem Beispiel ist angenommen, daß der Pumpbetrieb nur möglich ist über jeweils zwei oder vier Ordinatenabschnitte, entsprechend einem Pumpspeicherwerk mit zwei Pumpen. Generatorisch sei ein Wasserdurchsatz von maximal fünf Ordinatenabschnitten möglich. Wenn man jetzt zunächst fordert, daß die Funktion V(t) zur Zeit t_0 und t_1 jeweils Null sein soll, so kann man, ausgehend vom Zeitpunkt $t_0 + \Delta t$ zum Zeitpunkt t_0 drei mögliche Verbindungen ziehen, nämlich für abgeschaltete Pumpen, Betrieb mit einer Pumpe

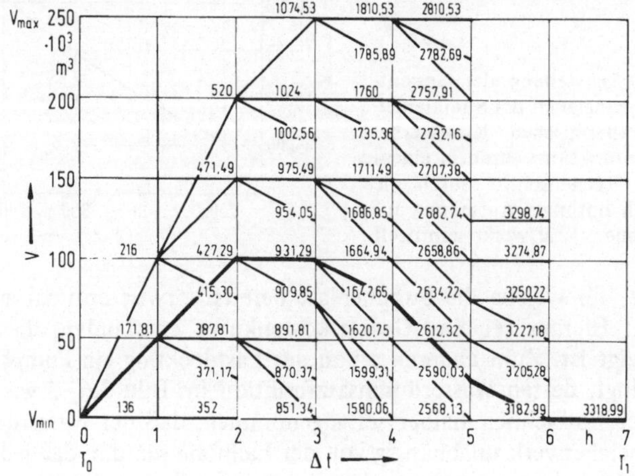

Abb. 3.6–4: Beispiel zum vollständigen Algorithmus des Dynamic Programming. Die Kostenwerte an den Knotenpunkten sind einheitlich mit dem Maßstabsfaktor 100/4 zu multiplizieren (Zahlenwerte in DM)

und Betrieb mit zwei Pumpen. Zu diesen drei Betriebszuständen gehören entsprechend dem zugehörigen optimalen Dampfeinsatz Arbeitskosten, die an den Punkten eingetragen sind. Vom Zeitpunkt $t_0 + 2\Delta t$ ausgehend sucht man jetzt von allen möglichen Verbindungen des ersten Gitterpunktes zu allen Punkten des Gitters zum Zeitpunkt $t_0 + \Delta t$ diejenige mit den geringsten Gesamtarbeitskosten heraus und merkt sich diesen Weg sowie die zugehörigen Arbeitskosten. Diesen Prozeß wiederholt man für alle folgenden Gitterpunkte. Wenn der Zeitpunkt $t_0 + 2\Delta t$ auf diese Weise abgeschlossen ist, geht man auf den Zeitpunkt $t_0 + 3\Delta t$ über und wiederholt diese Prozedur. Wenn man so beim Zeitpunkt $t_1 - \Delta t$ angekommen ist, dann gibt es nur noch einen Weg, um die Rechnung abzuschließen, nämlich denjenigen, der die Isoperimetrieforderung erfüllt, daß z.B. der Speicher sich am Beginn und am Ende des betrachteten Zeitraums im gleichen oder einem sonstwie definierten Zustand befinden soll. Von t_1 aus rückwärts findet man jetzt einen und nur einen durchgehenden Weg, der die absolute Optimallösung darstellt.

Im nächsten Schritt muß man den Anfangspunkt und damit verbunden den Endpunkt der Funktion V(t) variieren und jeweils den eben beschriebenen Algorithmus wiederholen, bis man auch in Abhängigkeit der Anfangs- und Endbedingungen das Kostenoptimum gefunden hat. Dieser Algorithmus läßt sich wie folgt formulieren:

$$K(m_1)^1 = \sum_{n=1}^{N} K_{n_1} \{ Q_1(V_0(0) - V_1(m_1) \} \Delta t , \tag{3.6–8}$$

$$K(m_1)^r = \min_{(V_{r-1}(m_2))} \{K(m_2)^{r-1} + \sum_{n=1}^{N} K_{n_r} [Q_r(V_{r-1}(m_2) - V_r(m_1))] \Delta t\}$$

$$\text{mit } r = 2,3,\ldots N-1, \tag{3.6–9}$$

$$K(0)^T = \sum_{t=1}^{T} \sum_{n=1}^{N} K_{nk} \{Q_k(V_{k-1\ opt} - V_{k\ opt}) \ \Delta t\} =$$

$$= \min_{(V_{T-1}(m_2))} \{(K(m_2)^{T-1} + \sum_{n=1}^{N} K_{nT} [Q_T(V_{T-1}(m_2) - V_T(0))] \Delta t\} \tag{3.6–10}$$

mit $V_r(m_1) = V_r + m_1 \Delta V$. Für jedes t müssen die Bereichseinschränkungen

$$\underline{V} \leqslant V_t(m) \leqslant \bar{V} , \tag{3.6–11}$$

$$\underline{Q} \leqslant Q_t(m_1; m_2) \leqslant \bar{Q} \tag{3.6–12}$$

und die Bedingung (3.6–2) erfüllt sein. Die Werte m_1 und m_2 sind ganze Zahlen entsprechend . . ., –3, –2, –1, 0, 1, 2, 3, . . . Wenn Anfangs- und Endpunkt der Lösung nur relativ zueinander und nicht absolut festgelegt sind, ist es notwendig, um die Isoperimetriebedingung

$$\int_{t_0}^{t_1} Q \, dt = A \tag{3.6–13}$$

zu erfüllen, diesen Algorithmus s-mal durchzurechen, wobei s die Anzahl der Unterteilungen in der Ordinatenrichtung angibt. Die Anzahl dieser Wiederholungen hängst also davon ab, wie fein man die Ordinate unterteilt.

3.6.2. Anwendung eines zyklischen Dynamic-Programming-Algorithmus für den hydrothermischen Verbundbetrieb

Um den Nachteil der s-maligen Wiederholung der Rechnung zu beseitigen, kann man den allgemeinen Algorithmus zyklisch anwenden. Man beginnt dabei bei einem willkürlichen Punkt auf der Ordinate und rechnet bis zum Ende des betrachteten Zeitabschnittes. Hier denkt man sich ihn nun nicht als abgeschlossen, sondern mit dem ersten Funktionswert der Netzlast weitergehend. Man rechnet also mit derselben Netzlastkurve fortlaufend weiter (Bild 3.6–5). Hierdurch stellt sich nach einigen Durchläufen eine sich perio-

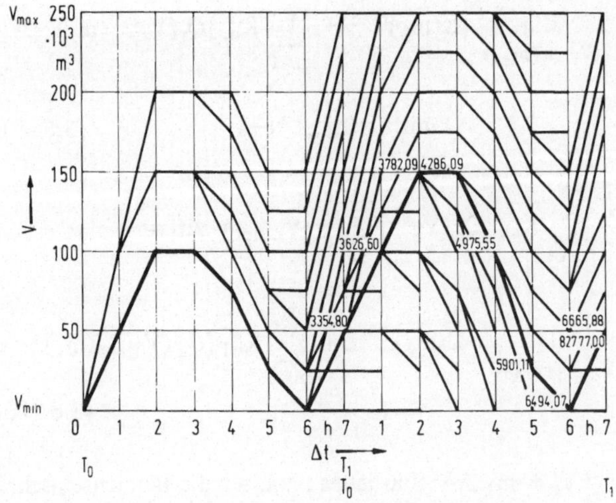

Abb. 3.6–5: Beispiel zum zyklischen Dynamic Programming Algorithmus. Der erste Zyklus ist der gleiche wie der im *Bild* dargestellte. Die stark ausgezogene Lösung im zweiten Zyklus stellt die Optimallösung dar. Von den Gesamtkosten (100/4 · 6665,88 DM) sind die Kosten am Beginn des Zyklus (100/4 · 3354,80 DM) abzuziehen (82 777,008 DM)

disch wiederholende Lösung ein, die als Minimallösung angesehen werden kann. Bei Vernachlässigung der Fallhöhe ergeben sich, wenn die Bedingung (3.6–11) im ganzen Intervall $[t_0, t_1]$ nicht verletzt wird, eine Reihe von parallellaufenden, gleichwertigen Lösungen, die also alle gleiche Kostenintegrale liefern. In dem durchgerechneten Beispiel ergab sich schon nach dem zweiten Durchlauf die Optimallösung, die gleichzeitig die untere Grenzkurve aller gleichwertigen Lösungen darstellt. Bei einem weiteren Durchlauf würde die gleiche Lösung wieder erscheinen und mindestens eine parallellaufende zusätzlich. Mathematisch läßt sich dieses Verfahren wie folgt darstellen:

$$K(m_1)^1 = \sum_{n=1}^{N} K_{n1} \left\{ Q_1(V_0(0) - V_1(m_1)) \right\} \Delta t \,, \qquad (3.6\text{–}14)$$

$$K(m_1)^r = \min_{(V_{r-1}(m_2))} \left\{ K(m_2)^{r-1} + \sum_{n=1}^{N} K_{nr} (Q_r(V_{r-1}(m_2) - \right.$$

$$\left. - V_r(m_1))) \Delta t \right\} \qquad (3.6\text{–}15)$$

mit

$$r = 2, 3, 4, \dots T, 1, 2, 3, 4, \dots$$

$$m_1, m_2 = \dots, -3, -2, -1, 0, 1, 2, 3, 4, \dots$$

$$\Delta V^{(2)} = \Delta V^{(1)}/5$$

$$M (\Delta V_1 / \Delta V_2)^2$$

und den Nebenbedingungen (3.6–2) bis (3.6–5).

3.6.3. Iteratives Dynamic Programming

Die beiden in den Abschnitten 3.6.1 und 3.6.2 genannten Lösungsverfahren sind sehr rechenintensiv. Um eine genügende Genauigkeit des Ergebnisses zu erreichen, ist ein verhältnismäßig kleines ΔV notwendig, d.h. über den gesamten Definitionsbereich wird ein feines Punktraster gezogen. Die Rechenzeit wächst z.B. beim Übergang von ΔV auf $0{,}5\ \Delta V$ ungefähr mit dem Faktor 4. Nur mit sehr schnellen Datenverarbeitungsanlagen wird es möglich sein, mit diesem Dynamic Programming Algorithmus zu einem brauchbaren Ergebnis zu gelangen.

Dieser Nachteil läßt sich aber durch eine mehrmalige Anwendung des im Abschn. 3.6.1 gezeigten Auflösungsprozesses weitgehend beseitigen. Mit Hilfe dieses allgemeinen Bellmannschen Verfahrens wird mit einem verhältnismäßig großen ΔV eine für diesen Wert optimale Lösung auf direktem Weg gefunden. Der zweite Rechenschritt besteht nun darin, daß zur Verbesserung der Lösung nicht mehr der gesamte Definitionsbereich von V herangezogen wird, sondern nur noch das Gebiet $\pm \Delta V$ um die bereits gefundene Lösung. Bei der Festlegung des neuen Gebietes wird man selbstverständlich wieder von der Tatsache Gebrauch machen, daß das Pumpen nur an diskreten Punkten möglich ist (Bild 3.6–6). Der allgemeine Dynamic Program-

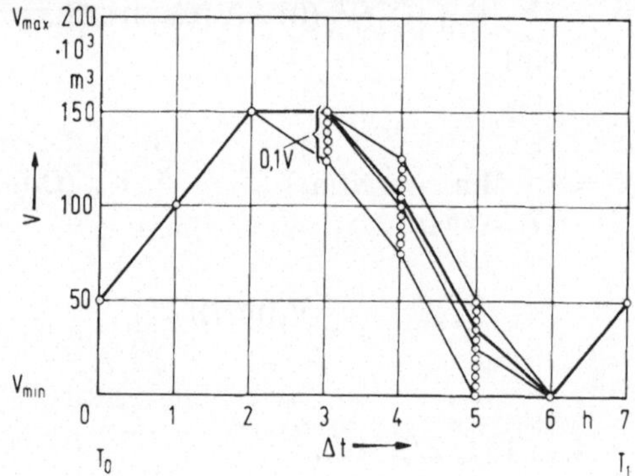

Abb. 3.6–6: Beispiel zum iterativen Dynamic Programming. Nach der ersten Näherungslösung wurde nur noch die eingezeichnete Umgebung dieser Lösung betrachtet. Im Pumpbetriebe ist aufgrund der diskreten Pumpstufen keine Umgebungsbetrachtung mehr möglich.

ming Algorithmus wird nun in dem neuen Definitionsbereich mit einem feineren Gitternetz erneut angewendet. In dem Beispiel (Bild 3.6–6) wurde für den zweiten Iterationsschritt das anfänglich gewählte ΔV in fünf Abschnitte unterteilt, so daß $\Delta V^{(2)} = \Delta V^{(1)}/5$ wird. Dieses Verfahren muß nun so lange fortgesetzt werden, bis keine oder nur noch unwesentliche Abweichungen von der Lösungsfunktion auftreten.

Die Rechenzeitverkürzung gegenüber dem vollständigen Algorithmus ist etwa $M (\Delta V_1/\Delta V_2)^2$, worin die Größen folgende Bedeutung haben: M ist die Anzahl der Schritte, in denen man von ΔV_2 auf ΔV_1 übergeht, ΔV_1 bedeutet die Rastergröße, wenn man den Dynamic Programming Algorithmus nach dem Abschn. 3.6.1 in einem Schritt bei gleicher Genauigkeit anwendet, und ΔV_2 bedeutet die Rastergröße bei Beginn der Rechnung des iterativen Dynamic Programming. Z.B. wird mit $\Delta V_1/\Delta V_2 = 1/100$ und $M = 3$ eine Rechenzeitverkürzung von $3\ (1/100)^2 = 1/3333$ erreicht. Die Auswirkungen sind also ganz beachtlich.

Bei dieser Methode ist aber zu beachten, daß hier der wesentliche Vorteil der dynamischen Programmierung verloren geht, nämlich, daß man keine Konvexität der Kostenfläche vorauszusetzen braucht, da man sich mit laufender Verkleinerung des betrachteten Gebiets immer mehr einem differenziellen Verfahren nähert.

3.6.4. Optimaler Einsatz mehrerer Wasserkraftwerke

Die in den vorstehenden Abschnitten aufgeführten Verfahren sind auch dazu geeignet, den Einsatz mehrerer Wasserkraftwerke zu berücksichtigen. Dazu wird, ausgehend von einem möglichen, aber nicht unbedingt optimalen hydrothermischen Maschinenfahrplan, der Einsatz des ersten Wasserkraftwerks optimiert. Alle übrigen Wasserkraftwerke werden nur entsprechend ihrer Startfunktionen eingesetzt. Daran anschließend wird unter Beibehaltung dieser „optimalen" Lösung für das erste Wasserkraftwerk das zweite Wasserkraftwerk dem gleichen Verfahren unterworfen. Dieser Prozeß wird zyklisch solange fortgesetzt, bis die sich ergebende Kostendifferenz unter ein vorgegebenes Maß gesunken ist.

4. Sicherheit der Energieversorgung
[59], [118], [121], [128], [130], [134], [135]

4.1. Allgemeines

In der Technik gibt es kein Gerät, das mit absoluter Sicherheit seine Aufgabe erfüllt. Wenn darum ein Energieversorgungsunternehmen seiner Versorgungspflicht mit einer genügenden Sicherheit nachkommen will, so müssen zum Ausgleich von Störungen hinreichende Ersatzagregate verfügbar sein. In diesem Abschnitt sollen Methoden wiedergegeben werden, mit denen man die Versorgungssicherheit berechnen kann.

Die Zuverlässigkeit ist begrifflich gekoppelt mit der Verfügbarkeit als Komplement der Ausfallwahrscheinlichkeit zu Eins. Wenn man also nach der Betriebszuverlässigkeit eines Versorgungssystems fragt, so kann man hierauf eine Antwort geben, wenn man die Ausfallwahrscheinlichkeit des Systems kennt. Was soll man nun unter Ausfallwahrscheinlichkeit eines Systems verstehen? Diese Frage läßt sich nicht eindeutig beantworten, denn man kann z.B. fragen: Wie lange fällt ein System während einer bestimmten Zeit aus? Die Antwort wäre in den meisten Fällen leicht, wenn das System nur die Zustände „im Betrieb“ und „außer Betrieb“ kennt. In einem Energieversorgungssystem wäre eine solche Antwort aber nicht befriedigend, da dort ein vollständiger Zusammenbruch des Systems auch bei ziemlich schwacher Ausstattung mit Reserveleistung verhältnismäßig sehr selten vorkommt, und zwar erstens wegen des Selbstregeleffektes des Systems und zweitens wegen der Möglichkeit des Lastabwurfs. Hieraus geht schon hervor, daß in Energieversorungssystemen noch ein dritter Betriebszustand möglich ist, nämlich „teilweise außer Betrieb“. Dieser Betriebszustand ist aber nicht eindeutig, denn er ist abhängig von der Größe und der Art der notwendigen Betriebseinschränkungen, wobei diese einmal automatisch durch die Selbstregelfähigkeit des Systems eintreten können und zum anderen durch automatischen oder manuellen Lastabwurf.

Unter diesen Gesichtspunkten soll das Thema im folgenden behandelt werden. Hierfür sind zunächst einige Definitionen erforderlich.

4.2. Definition der Ausfallraten

Die Ausfallwahrscheinlichkeit oder Ausfallrate p einer Anlage ist das Verhältnis der Ausfallzeit t_S infolge Störungen zur gesamten geplanten Betriebszeit t_B. Unter geplanten Ausfallzeiten t_W sind z.B. die Wartungs- und Überholungszeiten und bei Kernkraftwerken auch die Brennstoffwechselzeiten zu verstehen. Es gilt also

$$p = \frac{t_S}{t_B} = \frac{t_S}{t_{max} - t_W}. \tag{4.2-1}$$

Unter der Ausfallzeit t_S ist also auch die Zeit zu verstehen, in der die Anlage zwar nicht benötigt wird, aber infolge Störung nicht betriebsbereit ist. Diese Ausfallraten sind von vielen Parametern abhängig und darum nicht allgemeingültig anzugeben. Für herkömmliche Dampfkraftwerksblöcke liegt p etwa im Bereich von 2 bis 8%. Bei Kernkraftwerken scheint dieser Wert etwas günstiger zu liegen. Es hat keinen Sinn, jeder einzelnen Maschine eine individuelle Ausfallrate zuordnen zu wollen, denn diese ist eine statistische Größe und läßt sich darum nur für eine Kategorie von Maschinen wie Wasserkraftmaschinen, herkömmliche Dampfkraftwerke usw. ermitteln. Da die Netzelemente eine um mindestens eine Zehnerpotenz kleinere Ausfallerwartung haben, kann man das Netz für die Berechnung der Zuverlässigkeit der Gesamterzeugung in guter Näherung vernachlässigen. Erst wenn man die Versorgungszuverlässigkeit einzelner Netzknotenpunkte berechnen will, kann man die Übertragungszuverlässigkeit nicht vernachlässigen. Voraussetzung für diese Untersuchungen ist, daß alle Störungsereignisse voneinander unabhängig sind. Es sind also die Ausfallraten nur aus solchen unabhängigen Störungen zu ermitteln.

Zu dieser Definition der Ausfallrate eines Kraftwerkes sind noch einige allgemeine Bemerkungen angebracht, die den Leser und Anwender zur Kritik und zur Vorsicht mahnen sollen.

Zunächst ist zu sagen, daß die Ausfallraten von einer großen Zahl von Einflüssen mehr oder weniger stark abhängen. Solche Einflüsse sind unter anderen:

das Alter der Anlage;
der zeitliche Abstand von der letzten Wartung;
die Größe der Anlage;
der Typ der Anlage (KKW, WKW, Gasturbine usw.);
die Auslegung der Anlage (Druck, Temperatur usw.);
der Automatisierungsgrad (Funktionsgruppensteuerung, Prozeßrechnersteuerung usw.);
die Betriebsweise (Gleitdruck, Düsengruppensteuerung, Grundlastbetrieb, Regelbetrieb usw.);
der Betriebszustand (z. B. Anfahrzustand, starke Leistungsänderungsgeschwindigkeit, Auslastungszustand usw.);
die Qualität des Betriebspersonals.

Wenn man darum im folgenden mit konstanten Ausfallraten rechnet, so muß man sich darüber im klaren sein, daß die Ergebnisse als absolute Werte nur beschränkt brauchbar sind. Auch ist zu beachten, daß man für eine statistisch einwandfreie Ausfallrate eine sehr große Zahl von Anlagen zu beobachten hat, was bei einer so großen Zahl von Abhängigkeiten problematisch ist. Für relative Betrachtungen dagegen, wie z.B. Vergleiche verschiedener Systemkonfigurationen, ist die Aussagekraft der Ergebnisse wesentlich besser, und für diese Zwecke sollen diese Methoden in erster Linie gedacht sein. Selbstverständlich lassen sich die Verfahren auch auf die Berücksichtigung der obigen Einflüsse erweitern, nur wird der damit verbundene Rechenaufwand erheblich größer.

Die Verfügbarkeit q einer Anlage ist das Verhältnis der geplanten Betriebszeit abzüglich der Ausfallzeit infolge Störung zur geplanten Betriebszeit. Es gilt also

$$q = \frac{t_B - t_S}{t_B}. \qquad (4.2\text{–}2)$$

Zwischen p und q besteht die Beziehung

$$p + q = 1. \qquad (4.2\text{–}3)$$

4.3. Berechnung der Ausfallwahrscheinlichkeit

Die Leistungs-Ausfallwahrscheinlichkeit sagt aus, wie lange während eines vorgegebenen Zeitraumes die geforderte Abnehmerleistung nicht gedeckt werden kann.

Um den Rechenablauf leicht verständlich zu schildern, möge die im Bild 4.3–1 dargestellte Belastungsdauerlinie $P_L = f(t)$ mit einer Spitzenleistung von 3000 MW durch drei Maschinen 1, 2 und 3 mit den Leistungen $P_1 = 600$ MW, $P_2 = 1200$ MW und $P_3 = 1500$ MW und den Ausfallraten von $p_1 = 0{,}01$, $p_2 = 0{,}05$ und $p_3 = 0{,}07$ gedeckt werden. Wenn man die Betriebszu-

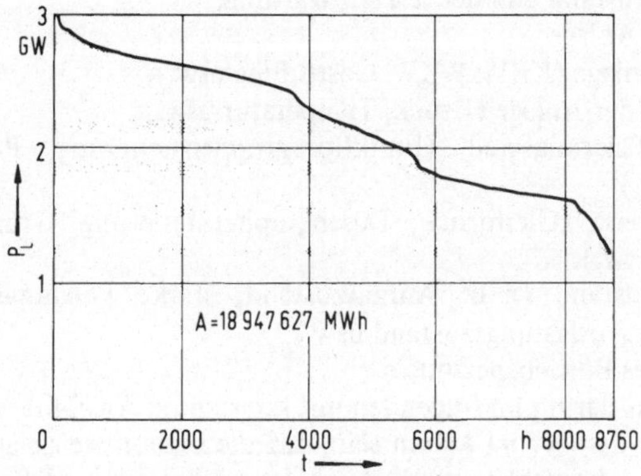

Abb. 4.3–1: Zeitliche Abhängigkeit der Spitzenbelastung $P_L = f(t)$

Tabelle 4.3–1: Leistung P der betrachteten Kraftwerksblöcke und deren Ausfallrate p.

Nr.	gestörte Maschine	verfügbare Restleistung P_i in MW	Wahrscheinlichkeit des Eintretens der Störung W_i	auf das Jahr bezogene kritische Zeitdauer t_i in h/a	auf das Jahr bezogene kritische Zeitdauer bei 5 % Sèlbst-regulierung in h/a	auf das Jahr bezogene nichtgelieferte Energie bei $k = 0$ A_i in MWh/a	auf das Jahr bezogene nichtgelieferte Energie bei $k = 0,1$ A_i in MWh/a
1		3300	0,99 · 0,95 · 0,93 = 0,874 665	0	0	0	0
2	1	2700	0,01 · 0,95 · 0,93 = 0,008 835	1000	280	80 691	350 691
3	2	2100	0,99 · 0,05 · 0,93 = 0,046 035	4930	4360	2 042 446	3 077 746
4	3	1800	0,99 · 0,95 · 0,07 = 0,065 835	6080	5730	3 682 022	4 776 422
5	1 2	1500	0,01 · 0,05 · 0,93 = 0,000 465	8340	8160	5 869 292	7 120 292
6	1 3	1200	0,01 · 0 95 · 0 07 = 0,000 665	8760	8660	8 434 290	9 485 490
7	2 3	600	0,99 · 0,05 · 0,07 = 0,003 465	8760	8760	13 690 290	14 215 890
8	1 2 3	0	0,01 · 0 05 · 0,07 = 0,000 035	8760	8760	18 946 290	18 946 290
			ΣW_i = 1,000 000	646,43	620,63	393 580	518 778

verlässigkeit dieses Systems kennen will, muß man zunächst alle möglichen Ausfallzustände und die Wahrscheinlichkeiten ihres Eintreffens sowie die Möglichkeiten mit dem verbleibenden, nicht ausgefallenen Systemteil den Betrieb aufrechtzuerhalten, kennen.

Tabelle 4.3–1 enthält in der Spalte 2 alle in diesem System möglichen Störungssituationen, in Spalte 3 die dann noch verfügbare Restleistung, in Spalte 4 die Wahrscheinlichkeiten ihres Eintreffens und in Spalte 5 die Zeiträume, in denen die jeweilige Störung zu dieser Mißbilanz der Leistung führt unter Zugrundelegung der Netzbelastungskurve nach Bild 4.3–1 Die Leistungs-Ausfallerwartung W_L berechnet sich dann aus der Formel

$$W_L = \sum_{i=1}^{z} W_i t_i \,, \tag{4.3–1}$$

wobei z die Anzahl der Zeilen der jeweiligen Tabelle 4.3–1 ist. Im angeführten Beispiel würde sich ein Wert von 676,43 h/a ergeben. Dieser Wert sagt aus, daß das System während 676,43 h/a statistisch gesehen in Schwierigkeiten kommt. Man sieht daraus, daß trotz der vorhandenen Leistungsreserve von 10% der Spitzenbelastung das System sehr unzuverlässig ist. Es liegt auf der Hand, daß ein solches System den heutigen Gegebenheiten der Praxis nicht gewachsen ist. Dieses krasse Beispiel soll nur zur Darstellung der Rechenverfahren und zum Vergleich mit später behandelten realeren Systemen dienen.

4.4. Berücksichtigung des Selbstregeleffektes

Die Leistungs-Ausfallwahrscheinlichkeit in der eben beschriebenen Art sagt nicht sehr viel aus, da sie durch den sog. Selbstregeleffekt sehr stark beeinflußt werden kann. Wenn dieser z.B. 5% der jeweils gefahrenen Leistung beträgt, dann bedeutet dies, daß bei Leistungsausfall das Netz infolge Frequenz- und Spannungssenkung bis zu etwa 5% Leistung weniger abnimmt. Wenn man diesen Effekt in dem Rechenverfahren in Tabelle 4.3–1 berücksichtigen will, so genügt es, wenn man die Leistungsstufen in diesem Fall um den Faktor 1/0,95 erhöht. Hierdurch verkleinern sich die in Spalte 4 der Tabelle 4.3–1 aufgeführten Zeiten (Spalte 6), denn durch die Selbstregelung wird eine Reserverleistung von 5% der Kraftwerksleistung vorgetäuscht, allerdings nur in bezug auf die Leistungs-Ausfallwahrscheinlichkeit, denn es geht dabei die zugehörige Arbeit verloren. Die im genannten Beispiel berechnete Ausfallzeit verringert sich dadurch in diesem Fall auf 620,63 h/a, also etwa um 9,17%. Es wird später gezeigt werden, daß dieser Einfluß bei Vielmaschinensystemen wesentlich größer wird.

Der Einfluß des Selbstregeleffektes auf die Leistungs-Ausfallwahrscheinlichkeit W_L läßt sich in (4.3–1) durch eine andere Definition von t_i berücksichtigen, nämlich durch

$$W_L = \sum_{i=1}^{z} W_i t_i(\bar{P}_i) \tag{4.4–1}$$

mit

$$\bar{P}_i = (1 + f_{SR}) P_i \,. \tag{4.4–2}$$

Für die Berechnung der Energie-Ausfallwahrscheinlichkeit ist es notwendig, die Arbeit zu kennen, die infolge Leistungsmangel nicht geliefert werden kann. Diese ist gegeben durch den Teil der Belastungskurve, in dem die Last größer ist als die infolge Störung noch verbleibende Restleistung. Für das Beispiel ist diese Energie in Spalte 7 der Tabelle 4.3–1 aufgeführt. Wenn man also die Wahrscheinlichkeit der verfügbaren Leistung mit den zugehörigen Fehlenergiemengen multipliziert und die Produkte summiert, so erhält man die gesamte Energie-Ausfallwahrscheinlichkeit zu

$$W_E = \sum_{i=1}^{z} W_i A_i \,. \tag{4.4–3}$$

Der Selbstregeleffekt bringt hier keine Verbesserung der Energielieferung, da durch die Selbstregelung die Energie, wie schon oben erwähnt, ebenfalls verlorengeht.

Bei Lastabwurf ist für die Rechnung allerdings Voraussetzung, daß das System nach einer Störung weiterhin betriebsbereit ist, d.h. man muß in der Lage sein, durch geeignete Lastabschaltung die Netzbelastung der verfügbaren Leistung anzupassen. Eine solche Lastabschaltung kann entweder durch Hand oder durch Automaten vorgenommen werden, immer aber wird sie nur in einer gewissen Grobstufigkeit möglich sein, da eine exakte Anpassung auf große technische und wirtschaftliche Schwierigkeiten stößt. Wenn man annimmt, daß z.B. im Durchschnitt 10% mehr Last im Störungsfall abgeschaltet wird als erforderlich ist, so erhöht sich die nicht gelieferte Arbeit auf 518778 MWh/a (vgl. Tabelle 4.3–1, Spalte 8). Wenn man jede nichtgelieferte Arbeitseinheit mit einem Durchschnittspreis von z.B. 0,05 DM/kWh bewertet, so ergibt sich ein jährlicher Gesamtverlust von rd. 19,679 Mill. DM für den Fall, daß man den Lastabwurf exakt anpassen kann. Bei einer mittleren Ungenauigkeit der Anpassung von 10% würde sich in diesem Beispiel dieser Wert auf rd. 25,939 Mill. DM erhöhen.

Formelmäßig läßt sich die Energie-Ausfallwahrscheinlichkeit wie folgt berechnen:

$$W_E = \sum_{i=1}^{z} W_i (A_i + k P_i t_i) \,, \tag{4.4–4}$$

worin k die mittlere Ungenauigkeit der Anpassung durch Lastabwurf darstellt. Im Falle von 10% Ungenauigkeit ist k = 0,1.

Die Rechnung mit einem Durchschnittspreis für die nichtgelieferte Energie bei Ausfall kann, wie bei der Ausfallrate selbst, wiederum nur eine Näherung sein. Auch diese Größe ist von einer Reihe von Einflüssen abhängig, unter anderem von:
der Ausfalldauer;
der Höhe der ausgefallenen Leistung;
der Struktur des Verbrauchs (Ausfallkosten sind an allen Knotenpunkten des Netzes verschieden);
dem Zeitpunkt des Ausfalls (z.B. Tag oder Nacht).

Solche Abhängigkeiten sind vor allem für die Ermittlung der jeweils mitlaufenden Reserve von großer Bedeutung. Auf diese Details kann aber im Rahmen dieses Buches nicht näher eingegangen werden.

Mit Hilfe dieser Verfahren ist man unter anderem auch in der Lage, den Nutzen von automatischen Lastabwurfeinrichtungen wirtschaftlich zu begründen. Man kann ferner mit Hilfe der bewerteten Ausfallenergie Aussagen über wirtschaftlich optimale Reserveleistungs-Bereitstellungen sowie über die in einem System zulässigen maximalen Blockgrößen machen, wenn man die Ausfallkosten mit den Investitions- und Betriebskosten vergleicht. Es soll aber nicht Gegenstand dieses Buches sein, diese Vergleiche durchzuführen, sondern hier sollen nur die Grundlagen dafür aufgezeigt werden.

Der eben beschriebene Rechengang muß für jedes Wartungsintervall getrennt durchgeführt werden, wobei die Summe der Ergebnisse aller Intervalle das Gesamtergebnis liefert. Unter Wartungsintervall ist zu verstehen, daß vorweg ein Wartungs- und Überholungsplan, z.B. für ein Jahr für die Anlagen aufgestellt werden muß, so daß eine Folge von Zeiträumen entsteht, innerhalb der jeweils die gleichen Anlagen planmäßig verfügbar sind. Dieser Wartungsplan kann entweder nach günstigsten Kostenverhältnissen aufgestellt werden oder in Kombination mit dem beschriebenen Zuverlässigkeitsrechenprogramm iterativ so berechnet werden, daß die Betriebszuverlässigkeit des Gesamtsystems ein Optimum erreicht. Da es sich in diesem Fall um ein Beispiel handelt, und die Berücksichtigung des Wartungsplanes nichts am Prinzip ändert, sondern nur das Ergebnis quantitativ beeinflußt, wurde hier der Wartungsplan vernachlässigt.

4.5. Beispiele

4.5.1. Modellsysteme

Im folgenden sollen nun eine Reihe von Beispielen zu den bisher beschriebenen Punkten gebracht werden. Das System soll die in Tabelle 4.5–1 angegebenen Kraftwerksblöcke und zugehörige Ausfallraten p enthalten. Die gesamte verfügbare Leistung beträgt also 3610 MW. Die Netzbelastungskurve wurde schon benutzt, sie soll aber für die folgenden Beispiele mit einem

Tabelle 4.5–1: Kombination der möglichen Störungen der drei genannten Maschinen.

Kraftwerksart	Leistung p in MW	Ausfallrate p
Kern kraftwerk	2 x 300	0,05
herkömmliche Dampfkraftwerke	4 x 150 6 x 125 5 x 100 2 x 80 4 x 60	0,06 0,06 0,06 0,07 0,07
Wasserkraftwerke	3 x 40 5 x 20	0,01 0,01
Fremdbezug bei Schwachlast	6 x 50	0,01
Fremdbezug bei Starklast und in Notzeiten	6 x 40	0,03

Fehler F von ± 6% bekannt sein. Die angenommene Fehlerverteilung zeigt Bild 4.5–1

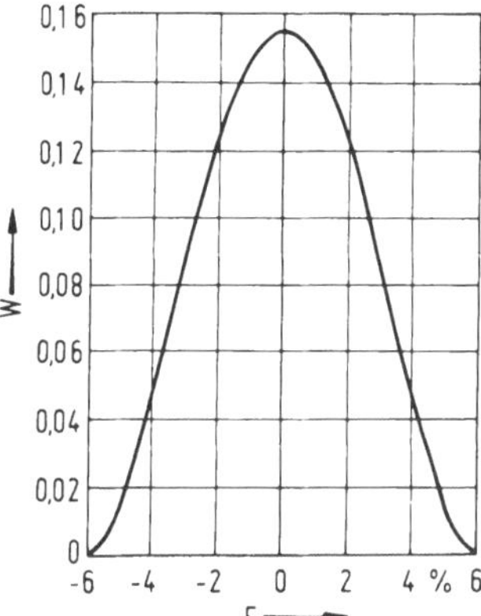

Abb. 4.5–1: Netzlast-Schätzfehlerwahrscheinlichkeit W in Abhängigkeit vom Schätzfehler F

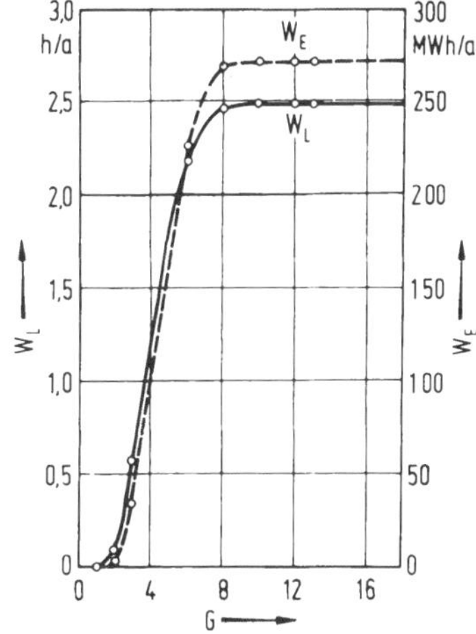

Abb. 4.5–2: Einfluß von Mehrfachfehlern auf die System-Ausfallwahrscheinlichkeit

4.5.2. Wahrscheinlichkeit von Simultanausfällen

Die Frage nach der Wahrscheinlichkeit von Simultanausfällen kann man auch anders stellen: Welchen Gleichzeitigkeitsgrad von Maschinenausfällen muß man berücksichtigen, so daß sich die Gesamt-Ausfallwahrscheinlichkeit nicht mehr verändert? Bild 4.5–2 soll dies verdeutlichen. Dort ist auf der Abszisse der jeweils zugelassene Gleichzeitigkeitsfaktor G aufgetragen und auf der Ordinate die zugehörige Energie- und Leistungs-Ausfallwahrscheinlichkeit W_E bzw. W_L. Die Kurven beziehen sich auf das im vorhergehenden Abschnitt beschriebene Systen, dürften aber für fast alle in der Praxis vorkommenden Systeme gültig sein. Wenn man z.B. einen gleichzeitigen Ausfall von maximal zwei Maschinen in der Rechnung berücksichtigt, so erhält man einen Energieausfall von nur etwa 8 MWh/a. Wenn man dagegen den Gleichzeitigkeitsfaktor G vergrößert, so steigen die beiden Ausfallwahrscheinlichkeiten sehr stark an, bis sie von etwa G = 10 an praktisch konstant bleiben. Wenn man also korrekte Ergebnisse erhalten will, muß man bei diesen Zuverlässigkeitsrechnungen mit mindestens zehnfachen Simultanfehlern rechnen.

Der Einfluß von Simultanausfällen auf die Gesamtausfallerwartung wird meistens unterschätzt. Aus Bild 4.5–2 sieht man nun sehr deutlich, daß der Hauptanteil des Energieausfalls durch Simultanfehler hervorgerufen wird. Dies läßt sich leicht begründen, denn der Ausfall nur einer Anlage ruft verhältnismäßig selten echte Netzstörungen hervor, da das verbleibende Restsystem dann meistens betriebsfähig bleibt, während Simultanfehler wesentlich häufiger zu Systemstörungen führen.

4.5.3. Netzlastschätzfehler und Selbstregeleffekt

Um die Größe des Einflusses von Schätzfehlern der Netzlast zu ermitteln, wurde einmal eine exakte Schätzung angenommen und zum anderen die in Bild 4.5–1 dargestellte Schätzfehlerverteilung über den Bereich von ± 6%. Das Ergebnis ist in Bild 4.5–3 graphisch dargestellt. Kurve 1 zeigt darin den Fall bei fehlerhafter und Kurve 2 bei exakter Schätzung. Kurve 3 stellt die Differenz zwischen den Kurven 1 und 2 dar. Das Beispiel zeigt, daß durch solche Schätzfehler die Energie-Ausfallerwartung nicht unerheblich, nämlich in diesem Fall etwa um 30%, erhöht wird. Der Grund hierfür liegt in der Tatsache, daß der Verlauf der Kurve der Ausfallerwartung W_E in Abhängigkeit der Netzspitzenlast P_L stark konvex verläuft, so daß die Ausfallerwartung bei höherer Netzlast infolge von Schätzfehlern wesentlich stärker in das Ergebnis eingeht als bei entsprechend zu niedrig geschätzter Last.

In Bild 4.5–4 ist der Einfluß der Selbstregelfähigkeit des Netzes auf die Leistungs-Ausfallerwartung dargestellt. Die Rechnung wurde für eine Netzspitzenlast von 3000 MW durchgeführt, so daß das System über eine Reserveleistung von etwa 20% verfügt. Die Zeit, in der die Leistungsbilanz nicht erfüllt ist, wird also mit wachsender Selbstregelfähigkeit des Systems schnell kleiner. Wenn man dieses Ergebnis mit dem des aus drei Maschinen bestehenden Modells vergleicht, so wird die Leistungs-Ausfallerwartung hier nicht nur um 9,17 %, sondern von 2,95 h/a auf 0,55 h/a, also um etwa 80% verringert. Die allgemeine Entwicklung der Selbstregelfähigkeit f_{SR} der Netze nimmt aber immer mehr ab auf Grund immer mehr aufkommender geregelter Antriebe. Zur Zeit liegt sie etwa bei f_{SR} = 2% [4] gegenüber früher etwa f_{SR} = 5%.

Bild 4.5–5 gibt den Verlauf der Energie- und Leistungs-Ausfallwahr-

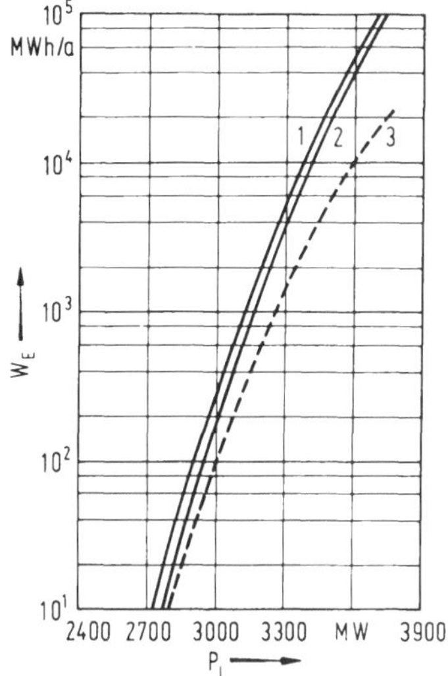

Abb. 4.5–3: Abhängigkeit der Energie-Ausfallwahrscheinlichkeit W_E von der Netzspitzenlast P_L bei einem maximalen Schätzfehler der Netzlast von ± 6 % (Kurve *1*) sowie die Differenz zwischen der Kurve *1* und *2* (Kurve *3*)

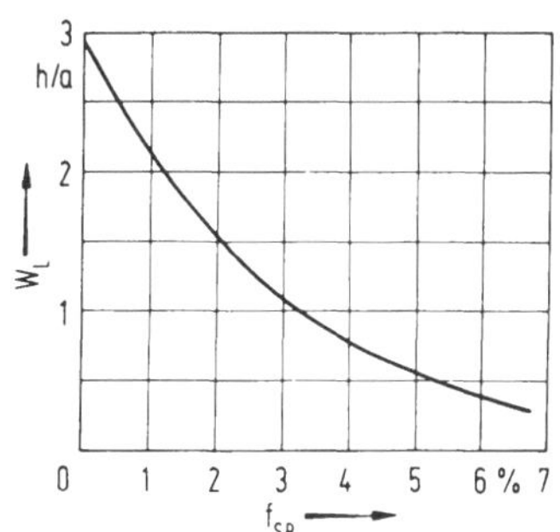

Abb. 4.5–4: Leistungs - Ausfallwahrscheinlichkeit W_L in Abhängigkeit von der Selbstregelfähigkeit f_{SR} des Netzes

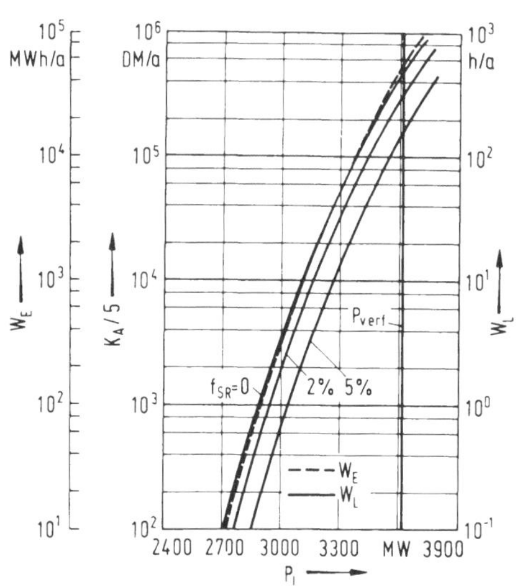

Abb. 4.5–5: Leistungs - Ausfallwahrscheinlichkeit W_L und Energie-Ausfallwahrscheinlichkeit W_E sowie Ausfallkosten K_A in Abhängigkeit der Netzspitzenlast P_L bei verschiedener Selbstregelfähigkeit f_{SR} des Netzes

scheinlichkeit W_E und W_L in Abhängigkeit der Netzspitzenlast P_L und verschiedener Selbstregelfaktoren f_{SR} wieder. Die Kurven sind im halblogarithmischen Maßstab dargestellt. Die gestrichelte Kurve stellt die Energie-Ausfallwahrscheinlichkeit W_E dar, die von der Selbstregelung f_{SR} unabhängig ist. Wenn man jede nichtgelieferte Arbeitseinheit z.B. mit 0,05 DM/kWh bewertet, gilt der angegebene Kostenmaßstab. Man sieht deutlich, daß die Ausfallkosten mit wachsender Netzlast P_L oder, was gleichbedeutend ist, mit abnehmender Reserveleistung sehr schnell zu beachtlichen Werten ansteigen. Die Energieausfallkurve wurde unter der Voraussetzung berechnet, daß eine gegebenenfalls erforderliche Last so genau abgeworfen wird, daß keine zusätzliche Energie über das Mindestmaß hinaus verlorengeht.

4.5.4. Einfluß der Blockgröße

Einen sehr großen Einfluß auf die Systemzuverlässigkeit hat die Blockgröße der Kraftwerkseinheiten in einem System. Um dies zu zeigen, sollen drei verschiedene Ausbauvarianten miteinander verglichen werden, und zwar wurden im Modellnetz erstens die vier 150 MW-Blöcke durch zweitens zwei 300-MW-Blöcke und drittens durch einen 600-MW-Satz ersetzt. Die Ergebnisse dieses Vergleichs sind im Bild 4.5–6 wiedergegeben. Da alle drei Varianten die gleiche verfügbare Maximalleistung aufweisen, sind sie also direkt miteinander vergleichbar.

Im Bild 4.5–6 stellt die Kurve 1 die Variante mit vier 150-MW-Blöcken,

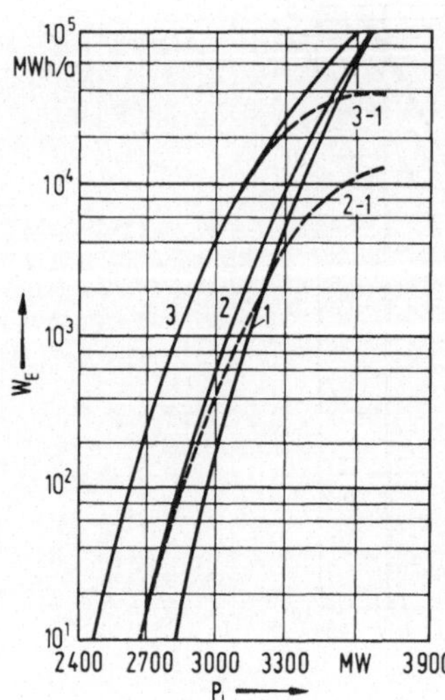

Abb. 4.5–6: Abhängigkeit der Energie-Ausfallwahrscheinlichkeit W_E von der Netzspitzenlast P_L bei verschiedenen Systemausbauvarianten: *1:* 4 × 150 MW; *2:* 2× 300 MW (Grundvariante); *3:* 1 × 600 MW

die Kurve 2 die Variante mit zwei 300-MW-Blöcken und die Kurve 3 die Variante mit einem 600-MW-Satz dar. Wenn man annimmt, daß das System

eine Spitzenlast von 3000 MW zu liefern hat, so würde man im ersten Fall einen stastistischen Arbeitsausfall von etwa 145 MWh/a, im zweiten Fall von 530 MWh/a und im dritten Fall von 4000 MWh/a erwarten müssen. Man kann jetzt auch die Differenzen zwischen den Ausfallenergien bei den drei Varianten betrachten. Ausgehend von der zuverlässigsten Variante (4 X 150 MW) erhöht sich die Ausfallenergie bei der zweiten Variante (2 X 300 MW) um etwa 370 MWh/a und bei der dritten Variante (1 X 600 MW) um etwa 3900 MWh/a. Bei einer Bewertung der Arbeitseinheit mit 0,05 DM ergeben sich entsprechende Unterschiede in den Ausfallkosten bei der zweiten Variante von 18 500 DM/a und bei der dritten Variante von 195 000 DM/a.
Bei einem Vergleich dieser drei Ausbauvarianten hinsichtlich günstigster Gesamtkosten (Betriebs- und Investitionskosten) müssen die Unterschiede in den Ausfallkosten mit in Rechnung gestellt werden. Selbstverständlich darf ein solcher Vergleich nicht allein für ein Jahr durchgeführt werden, sondern muß sich immer über einen hinreichend großen Zeitraum erstrecken, in dem dann auch diese Ausfallkosten nach der jweiligen Reservelage stark schwanken. Wenn z.B. die Reserveleistung im folgenden Jahr infolge Steigens der Netzlast auf 15% gesunken ist, dann erhöhen sich die Differenzen der Ausfallenergie bzw. Ausfallkosten von 370 MWh/a auf 1270 MWh/a bzw. von 18 000 DM/a auf 63 500 DM/a und von 3900 MWh/a auf 10 000 MWh/a bzw. von 195 000 DM/a auf 500 000 DM/a. Man sieht also, daß es sich hier um ein dynamisches Problem handelt.

Dieses Beispiel zeigt, daß die Variante mit 300-MW-Sätzen als größte Einheiten das Betriebsrisiko in diesem System gegenüber der Variante mit

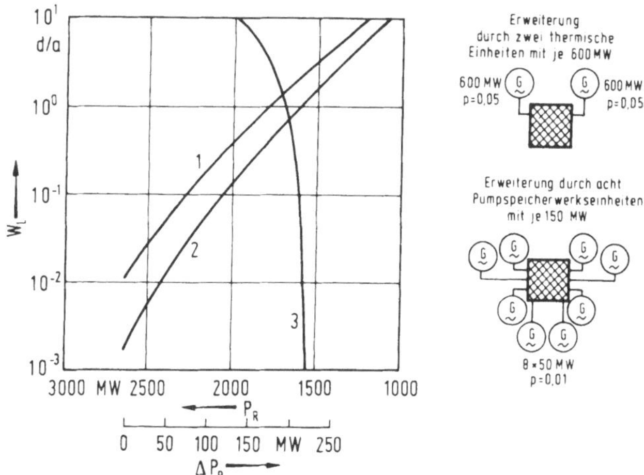

Abb. 4.5–7: Vergleich der Zuverlässigkeit von Netzerweiterungen entweder durch zwei Kernkraftwerkseinheiten zu je 600 MW oder acht Pumpspeicherwerkseinheiten zu je 150 MW. *1:* Ausfallerwartung W_L in Abhängigkeit der Leistungsreserve P_R für zwei Kernkraftwerkseinheiten; *2:* Ausfallerwartung W_L in Abhängigkeit der Leistungsreserve P_R für acht Pumpspeicherwerkseinheiten; *3:* Reserveeinsparung (Kurve *1* – Kurve *2*)

150-MW-Sätzen als größte Einheiten kaum wesentlich vergrößert, während der 600-MW-Satz hinsichtlich des Betriebsrisikos gerade erst tragbar zu werden beginnt.

4.5.5. Bestimmung der Reserveleistung

In Bild 4.5–7 wird der Fall untersucht, daß ein bestehendes Netz zusätzlich einmal durch zwei Kernkraftwerkseinheiten von je 600 MW mit Ausfallraten von je 5% und vergleichsweise durch acht Pumpspeicherwerkseinheiten von je 150 MW mit Ausfallraten von je 1% ergänzt wird. Die Kurven 1 und 2 zeigen, wie in beiden Fällen die Ausfallerwartung W_L in Tagen je Jahr bei verschiedener Leistungsreserve P_R verläuft. Man sieht, daß die Zuverlässigkeit bei Erweiterung durch Pumpspeicherwerkseinheiten (Kurve 2) deutlich größer geworden ist als bei Kernkraftwerkseinheiten (Kurve 1). Die Kurve 3 gibt die Differenz an erforderlicher Reserveleistung wieder bei jeweils gleicher Ausfallerwartung, und zwar muß die Leistung der Kernkraftwerke je nach Ausfallerwartung zwischen rund 11 und 22% größer sein als diejenige beim Pumpspeicherkraftwerk. Dieser Unterschied wirkt sich auf die notwendigen Investitionen nicht unerheblich aus. In einem zweiten Beispiel (Bild 4.5–8) sollen zwei Netze von 5420 MW und 2200 MW einmal ge-

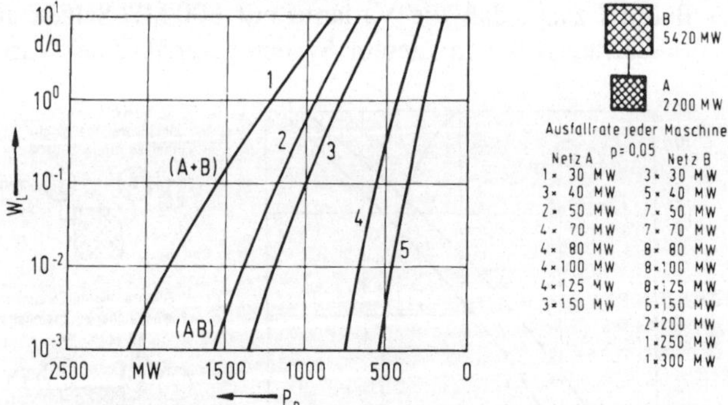

Abb. 4.5–8: Verbesserung der Versorgungszuverlässigkeit zweier Netze durch Kopplung. *1:* Netz A und B; *2:* Netz A und B parallelgeschaltet; *3:* Netz B allein; *4:* Netz A allein; *5:* Reserveeinsparung [(A + B) – (A B)]

trennt und einmal gekoppelt betrieben werden. Auch hier wurde die Differenz an erforderlicher Reserveleistung zwischen beiden Betriebsarten berechnet. Sie liegt bei verschiedenen Ausfallerwartungen zwischen 2,2 und 7% der Summenleistung beider Netze. Bild 4.5–9 erläutert das Prinzip der Bestimmung optimaler Reserveleistung P_R. Die Kurven bedeuten folgendes: Mit jedem Ausfall sind Kosten K verbunden. Diese verlaufen in der gleichen Art

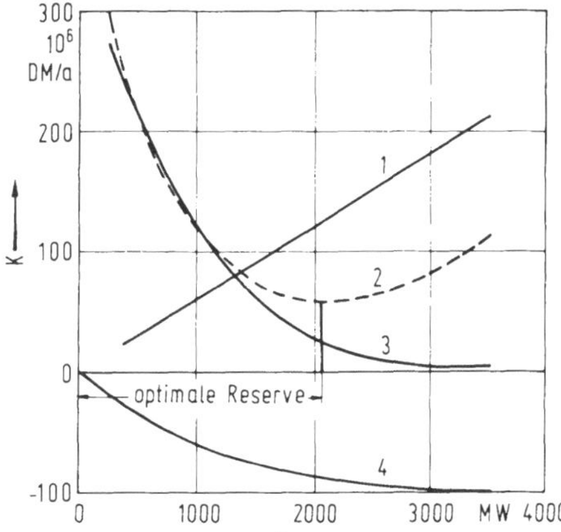

Abb. 4.5–9: Näherungsweise Bestimmung der optimalen Reserveleistung P_R in Netzen.
1: Investitionsaufwand für Reserveleistung,
2: Summe aller Kosten,
3: Verluste durch Störungen,
4: Einsparung an Arbeitslohn.

wie die Ausfallerwartung W_L in Abhängigkeit der Reserveleistung P_R. Sie nehmen also mit wachsender Reserveleistung stark ab. Gleichzeitig verursacht aber die installierte Reserveleistung Investitionskosten (Kurve 1), die bestimmte jährliche Festkosten zur Folge haben. Ferner erzielt man eine gewisse, mit wachsender Reserveleistung steigende Ersparnis an Brennstoffkosten, da man die Kraftwerke günstiger einsetzen kann. Die Summenkurve 2 gibt die Gesamtbelastung an, und wo diese ein Minimum hat, liegt die optimale Reserveleistung. Diese Darstellung ist nur als Plausibilitätserklärung aufzufassen, da die Zeit als Veränderliche nicht berücksichtigt wurde.

4.5.6. Versorgungszuverlässigkeit einzelner Netzknotenpunkte

An dieser Stelle ist es zweckmäßig, einiges über die Versorgungszuverlässigkeit einzelner Knotenpunkte zu sagen. Dazu denkt man sich einen Knotenpunkt, an dem eine Einspeisung und eine Last liegt. Die Zuverlässigkeit der Einspeisung sei entweder durch die Ausfallrate der Anlage oder durch die entsprechenden Werte der Spalte 3 in Tabelle 4.3–1 gegeben, wenn es sich um mehrere Anlagen handelt.

Zur Erleichterung der Erklärung soll in Bild 4.5–10 an dem Knotenpunkt A eine einzelne Anlage mit 160 MW und einer Ausfallrate $p = 0{,}05$ einspeisen. Man kann dann sagen, daß an diesem Knotenpunkt die Last von z.B. 50 MW mit einer Zuverlässigkeit von 0,95 versorgt werden kann. Gleichzeitig steht aber hier ein Überschuß von 110 MW mit der gleichen Zuverlässigkeit oder ein Mangel von 50 MW mit einer Wahrscheinlichkeit von 0,05 an. Dieser Knotenpunkt A sei nun über eine Leitung mit einer Ausfallrate von z.B. $p = 0{,}02$ und einer maximalen Übertragungsfähigkeit von 60 MW mit einem zweiten Knotenpunkt B verbunden. Man kann dann berechnen, daß der Knotenpunkt A dem Knotenpunkt B mit bestimmten Wahrschein-

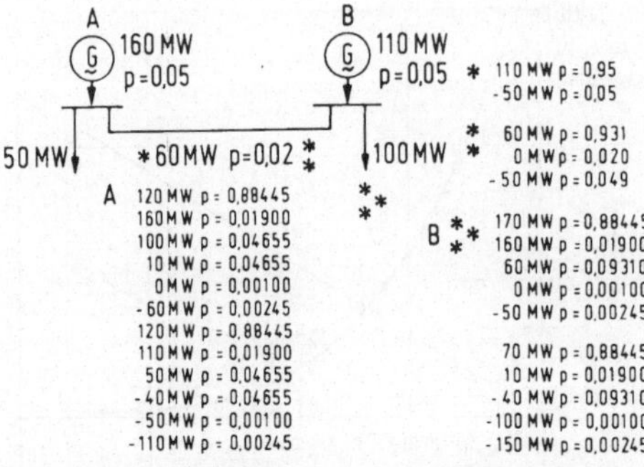

Abb. 4.5–10: Berechnung der Versorgungszuverlässigkeit einzelner Netzknotenpunkte. A B: Knotenpunkte mit Last- und Speisestellen

lichkeiten Leistung zur Unterstützung zur Verfügung stellen kann, die dann die Versorgungssicherheit des Knotenpunktes B ändert. Die gleiche Rechnung kann man auch für die ungekehrte Richtung durchführen. Bild 4.5–10 zeigt die zahlenmäßige Darstellung der gegenseitigen Unterstützung der Knotenpunkte A und B. Diese Ergebnisse gelten nur für die Kopplung dieser zwei Knotenpunkte.

Wenn diese Knotenpunkte, wie in Bild 4.5–11 gezeigt ist, z.B. mit einem dritten Knotenpunkt C verbunden sind, so muß berechnet werden, welche Leistungen die Knotenpunkte A und B dem Knotenpunkt C mit welchen Wahrscheinlichkeiten zur Verfügung stellen können unter Berücksichtigung der gegenseitigen Unterstützung von A und B sowie der Übertragungsfähigkeiten und Ausfallraten der Leitungen von A nach C und B nach C. Durch den Anschluß dieses dritten Knotenpunktes hat sich aber jetzt die

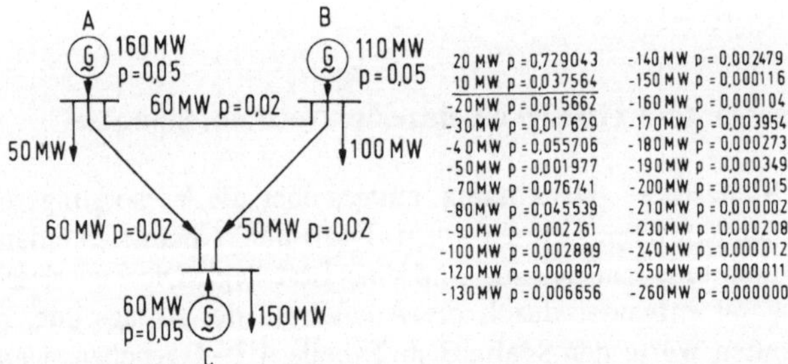

Abb. 4.5–11: Berechnung der Versorgungszuverlässigkeit einzelner Netzknotenpunkte in vermaschten Netzen. A, B, C: Knotenpunkte mit Last- und Speisestellen

Versorgungszuverlässigkeit der Knotenpunkte A und B verändert. Durch eine analoge Betrachtung der Unterstützung des Knotenpunktes A durch B und C sowie von B durch A und C kann diese jeweils für A und B neu berechnet werden. Auf diese Art hat man eine Vermaschungsregel gewonnen, mit deren Hilfe man komplizierte vermaschte Netzwerke behandeln kann. Die weitere Rechnung der Ausfallerwartung in Tagen je Jahr an jedem Knotenpunkt geht nach dem gleichen Schema vor sich, wie es in Abschn. 4.3 beschrieben wurde.

5. Energieausbauplanung
[102], [111], [128], [134], [136]

5.1. Energieträger, Kraftwerke, Entwicklungen

Mit Energievorausplanung bezeichnet man die Aufgabe, wann, wo, mit welcher Leistung welche Art von Kraftwerk zu bauen ist, und zwar so, daß der Gesamtaufwand an Kosten während des betrachteten Zeitraums der Planung ein Minimum wird. Bisher stand man immer auf dem Standpunkt, daß solch umfangreiche Probleme praktisch unlösbar seien. Durch die Datenverarbeitungstechnik und neue Methoden der numerischen Mathematik ist man jetzt aber durchaus in der Lage, die Lösung hinreichend genau zu erhalten. Als Datenmaterial dienen hier die gleichen Unterlagen, die auch bisher bei einer guten Vorausplanung erforderlich waren.

Diese Unterlagen bestehen im wesentlichen aus geeigneten Prognosen über die Entwicklung der Netzlast, die zur Verfügung stehenden Energieträger sowie über zu erwartende Veränderungen in der Technik. Sie lassen sich in verschiedene Gruppen einteilen und zwar in fossile Brennstoffe, wie Steinkohle, Braunkohle, Öl und in seltenen Fällen auch Torf, sowie in gasförmige Brennstoffe, wie Erdgas und Kernbrennstoffe, und zwar in der Gegenwart als angereichertes Uran, in der näheren Zukunft als Natururan und in der ferneren Zukunft als Plutonium in schnellen Brütern. In Dieselaggregaten wird in geringem Umfang auch aufbereitetes Öl verwendet. Als letzter wesentlicher Energieträger wäre das Wasser als kinetische Energie zu nennen. An Energieerzeugungseinrichtungen stehen folgende Typen von Kraftwerken zur Verfügung, erstens Grundlastkraftwerke. Hierunter fallen konventionelle Dampfkraftwerke als Hochdruckanlagen mit Zwischenüberhitzung, ferner Kernkraftwerke und Laufwasserkraftwerke. Bei den Grundlastkraftwerken sind gewöhnlich die Kapitalkosten hoch und die Arbeitskosten niedrig. Zweitens sind Spitzenkraftwerke zu nennen, worunter konventionelle Dampfkraftwerke ohne Zwischenüberhitzung in modernerer Form als Hochdruckanlagen und als alte Niederdruckanlagen, ferner Hochdruckwasser- und Niederdruckwasser-Speicherkraftwerke, Pumpspeicherwerke, Pumpspeicherwerke mit zusätzlichem natürlichem Zulauf, Gasturbinen sowie Dieselaggregate fallen. Mit Ausnahme bei der Wasserkraft sind bei den Spitzenkraftwerken gewöhnlich die Kapitalkosten niedrig und die Arbeitskosten hoch.

Man muß ferner unterscheiden, daß man sowohl alte Kraftwerke erweitern, wofür unter Umständen ein geringerer Kapitalaufwand erforderlich ist, als auch neue Kraftwerke mit höherem Kapitalaufwand bauen kann.

Hinsichtlich der Entwicklungen in der Technik ist bei konventionellen Dampfkraftwerken mit einer Vergrößerung der Einheiten zu rechnen. Bei den Wasserkraftwerken werden in der Zukunft ebenfalls größere Einheiten zu erwarten sein und gegebenenfalls Verbesserungen im Pumpenturbinenbau. Bei der Ausnutzung der Kernenergie werden sich die spezifischen Baukosten verringern, sowie die thermischen Wirkungsgrade verbessern. Im Verbundnetz ist der Übergang auf höhere Übertragungsspannungen und die Einführung der Hochspannungs-Gleichstromübertragung möglich.

Für die Berücksichtigung der festen Kosten ist es wichtig zu wissen, wie hoch die Lebensdauer der Anlagen anzusetzen ist, d.h. wie die Abschreibungen gestaltet werden. Zur genügend genauen Berücksichtigung der Kapital- und Betriebskosten sind Voraussagen über die mittlere Zinsbelastung des Kapitals sowie über die Personal-, Wartungs- und Reparaturkosten notwendig. Hierfür sind meist genügend gute statistische Unterlagen vorhanden. Alle Kosten, die bei der Planung während des gesamten betrachteten Zeitraums auftreten, müssen auf den sog. Gegenwartswert oder Barwert nach der Formel umgerechnet werden

$$A^* = A\left(\frac{1}{1+r}\right)^n . \tag{5.1-1}$$

Hierin bedeuten A das zu investierende Kapital, A* der Wert dieses Kapitals im Bezugszeitpunkt, n die Anzahl der Jahre vom Bezugszeitpunkt bis zum Auftreten der jeweiligen Kosten und r der Diskontsatz.

Bild 5.1–1 zeigt für ein Netz, das gegenwärtig etwa 1 GW Belastung aufweist, die Entwicklung für die nächsten 30 Jahre. Hierbei ist angenom-

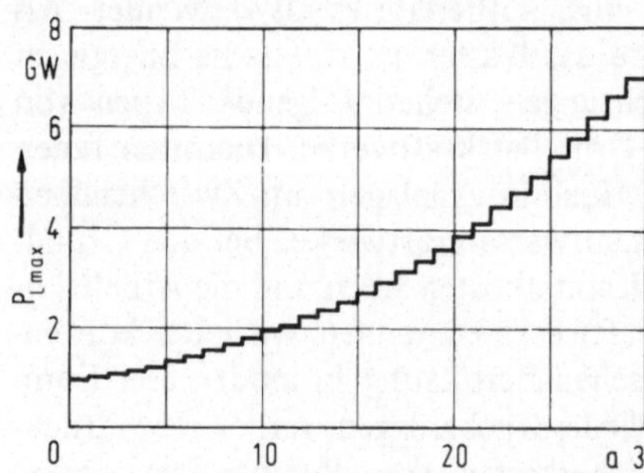

Abb. 5.1–1: Entwicklung der Netzspitzenlast in einem Versorgungsnetz.

men, daß sich die Netzlast in 10 bis 12 Jahren verdoppelt, so daß also nach etwa 30 Jahren die achtfache Netzlast vorhanden ist. Die Kurve ist als Treppenkurve dargestellt, da die Höchstlast für jedes Jahr als konstant zu gelten hat.

5.2. Wartungs- oder Revisionspläne

Ein weiterer wichtiger Punkt sind die Wartungspläne für die Maschinen. Bekanntlich müssen thermische Anlagen in einem regelmäßigen Zyklus gewartet und überholt werden. An Hand von Bild 5.2–1 soll die Aufstellung

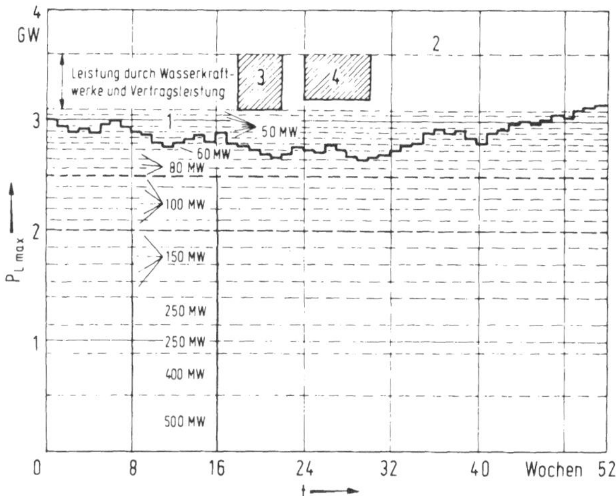

Abb. 5.2–1: Verlauf der wöchentlichen Spitzenlast in einem Versorgungsnetz. *1:* Netzspitzenlast; *2:* verfügbare Leistung des Netzes; *3:* nicht zur Verfügung stehende Leistung infolge Wartung der 500-MW-Maschine; *4:* nicht zur Verfügung stehende Leistung infolge Wartung der 400-MW-Maschine

eines solchen Wartungsplanes näher erläutert werden. Hier sind auf der Abszisse die 52 Wochen eines Jahres aufgetragen und auf der Ordinate die Netzhöchstlast sowie die verfügbare Gesamtleistung. Da die Wartungszeiten der Anlagen meist als ganze Vielfache einer Woche angegeben werden, ist die Netzhöchstlast als Wochenhöchstlast dargestellt. Die obere Begrenzung 2 des Diagramms gibt die gesamte verfügbare Leistung des Netzes wieder. Die horizontalen Linien geben an, aus welchen Teilleistungen sich diese Gesamtleistung zusammensetzt.

Für jede Maschine, die gewartet werden muß, läßt sich innerhalb dieses Diagramms ein Rechteck konstruieren, und zwar aus der notwendigen Wartungszeit und der elektrischen Leistung der Maschine. Für den 500-MW- und den 400-MW-Satz sind diese (3 und 4) schraffiert eingetragen, hierbei betrage die Wartungszeit für den 500-MW-Satz vier Wochen und für den 400-MW-Satz sechs Wochen. Bei der Aufstellung des Wartungsplanes müssen alle Rechtecke in die Restfläche zwischen der verfügbaren Gesamtleistung 2 und der Wochenhöchstlastkurve 1 untergebracht werden. Dieses muß derart geschehen, daß die Zuverlässigkeit des jeweiligen Restsystems maximal wird:

$$\max\{Z\}, \qquad (5.2\text{–}1)$$

wobei eine gewisse Minimalzuverlässigkeit nicht unterschritten werden darf:

$$Z \geqslant Z_{min}. \tag{5.2–2}$$

Unter Restsystem ist der Anteil der Leistung zu verstehen, der nach Abzug der gewarteten Maschinenleistung noch verfügbar bleibt. Wenn die Minimalzuverlässigkeit dabei unterschritten wird, muß neue Leistungskapazität erstellt sein. Die Berechnung der Zuverlässigkeit kann nach den im Abschn. 4 beschriebenen Methoden durchgeführt werden.

5.3. Arbeitskostenberechnung

Für die Berechnung der Arbeitskosten ist es notwendig, die Aufteilung der Gesamtheit der Abnehmerleistungen auf die im Betrieb befindlichen Maschinen zu kennen. Für die Ermittlung dieser Lastverteilung dient die Theorie der wirtschaftlich-optimalen Lastverteilung, deren Prinzip in den Abschnitten 2. und 3. ausführlich beschrieben wurde. Wenn die Belastungen aller Anlagen während eines Jahres bekannt sind, so kann man durch Addition der dabei auftretenden Arbeitskosten aller Anlagen leicht die Gesamtarbeitskosten erhalten. Bei dieser Art der Betriebssimulierung müssen selbstverständlich alle wichtigen Bedingungen, welche die Praxis an den Betrieb stellt, berücksichtigt werden. Andererseits wird man aber alle nicht relevanten Bedingungen zu Gunsten einer kurzen Rechenzeit möglichst vernachlässigen.

5.4. Prinzip der Ausbauplanung

Nachdem jetzt alle Einzelaufgaben erläutert sind, kann man an die Lösung der Gesamtaufgabe gehen. Zum leichteren Verständnis des jetzt folgenden soll Bild 5.4–1 dienen. In Bild 5.4–1a sind auf der Abszisse die vorauszuplanenden Jahre t und auf der Ordinate die Leistung P aufgetragen. Das Bild ist nur als ein Ausschnitt anzusehen. Die untere Treppenkurve 1 stellt die Höchstlast des Netzes entsprechend Bild 5.1–1 dar. Die darüber eingezeichnete gestrichelte Treppenkurve 2 sei die Netzhöchstlast zusätzlich notwendiger Mindestreserve, wie sie mit Hilfe des im Abschn. 4 beschriebenen Verfahrens berechnet werden kann. Der Ausgangszustand der Planung im Zeitpunkt $t = 0$ ist genau bekannt, d.h. man kennt die gesamte verfügbare Leistung und aus welchen Maschinen sich diese Leistung zusammensetzt. Diese gesamte verfügbare Leistung sei durch die horizontale Gerade AB wiedergegeben. Man kann also angeben, wann diese Leistung nicht mehr ausreichen wird, um das Netz mit einer hinreichenden Zuverlässigkeit zu speisen. Dieser Zeitpunkt ist dann erreicht, wenn die Gerade AB die ge-

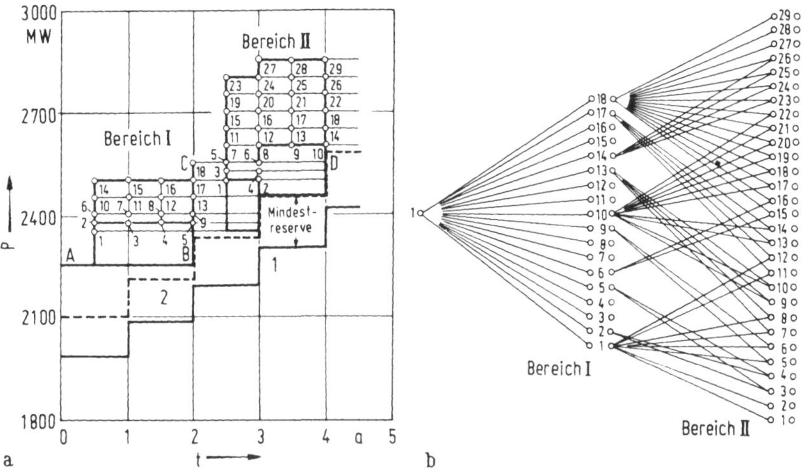

Abb. 5.4–1: Zur Bestimmung der Ausbauplanung. a) Definitionsbereiche für zu planende neue Anlagen; b) topologische Darstellung der Definitionsbereiche aus Bild a) und ihre logischen Verknüpfungen. *1:* Spitzenlast des Netzes nach Bild 5.1–1; *2:* Spitzenlast des Netzes einschließlich notwendiger Mindestreserve

strichelte Treppenkurve 2 erreicht (Punkt B). Zu diesem Zeitpunkt muß spätestens neue Kapazität verfügbar sein.

Andererseits kann man auch einen Zeitpunkt angeben, zu dem frühestens neue Kapazität hinzugefügt werden kann, nämlich aufgrund der notwendigen Planungs- und Bauzeit oder zur Zeit t = 0, wenn der Ausgangspunkt der Planung weiter in die Zukunft gelegt wurde. Nun kann man auch für jeden in Frage kommenden Kraftwerkstyp eine gewisse Mindestleistung angeben, die bei Neuinstallationen nicht unterschritten werden soll und von der jeweiligen Netzlast abhängig ist. Aus Gründen der Übersichtlichkeit beschränkt sich das Beispiel in Bild 5.4–1 auf die Berücksichtigung nur eines einzelnen Kraftwerkstyps. Bei diesem möge diese Mindestleistung zum frühestmöglichen Erstellungszeitpunkt durch den Punkt 1 (Bild 5.4–1a) gegeben sein. Bei einer späteren Erstellung möge sie etwas größer sein, und zwar entsprechend den Punkten 3, 4 und 5. Ferner kann man für jeden Typ eine Maximalleistung angeben, die ebenfalls abhängig ist von der Netzlast sowie von der Bedingung, daß jede Maschine jährlich gewartet werden muß. Diese Maximalleistung möge zum frühesten Erstellungszeitpunkt durch den Punkt 14 gegeben sein und bis zum spätesten Erstellungszeitpunkt so gewachsen sein, daß sie dem Punkt 18 entspricht.

Durch diese vier Größen frühester und spätester Zuschaltzeitpunkt neuer Kapazität sowie minimale und maximale Leistung des Kraftwerkstyps wird das Gebiet begrenzt, in dem die Leistung des Kraftwerkstyps liegen muß, wenn dieser gegenüber anderen Typen zum Einsatz kommen sollte. Ferner kann man für jeden Typ eine Art Normreihe für die in Frage kommenden Leistungsgrößen angeben (z.B. 100, 150, 200, 250, ... MW). Selbstverständlich darf eine solche Normreihe nicht starr vorgeschrieben werden, sondern muß frei wählbar sein. Es ist auch nicht sinnvoll, als Zuschaltzeitpunkte neuer Anlagen jeden Zeitpunkt zwischen frühestem und spätestem zu berücksichtigen, sondern man wird sich auf bestimmte Teilungen des Jahres, wie z.B. halbjährlich oder jährlich, beschränken. Im Bild 5.4–1a sind nur halbjährliche Zuschaltzeitpunkte berücksichtigt.

Aus diesen diskreten Zuschaltzeitpunkten und aus den beschriebenen Normreihen der Anlagenleistungen läßt sich nun ein Raster konstruieren, das über den gesamten Definitionsbereich für jeden Anlagetyp gelegt werden kann. Die Knotenpunkte dieses Rasters sind im Bild 5.4–1a zeilenweise durchnumeriert, und zwar von 1 bis 18. Dies bedeutet nun, daß man in den 1,5 Jahren zwischen frühestem und spätestem Zuschaltzeitpunkt neuer Kapazität nur 18 Möglichkeiten hat, eine Maschine dieses Typs zu installieren. Für jeden in Frage kommenden Kraftwerkstyp läßt sich nun ein solcher Definitionsbereich konstruieren, ein entsprechendes Raster hineinlegen und die Rasterpunkte durchnumerieren. Bei der Numerierung der Rasterpunkte der weiteren Anlagetypen würde man mit der Nummer 19 fortfahren, wenn man sich auf das Beispiel in Bild 5.4–1 bezieht. Die Kraftwerkstypen sind alle vollkommen gleichberechtigt und können darum in der Reihenfolge willkürlich gewählt werden.

Man beginnt die Planung damit, daß man für jeden Rasterpunkt die fixen Kosten berechnet, welche durch die dem jeweiligen Rasterpunkt entsprechende neue Anlage anfallen würden. Im nächsten Schritt berechnet man die Arbeitskosten, und zwar ausgehend vom Zeitpunkt $t = 0$ bis zu dem Zeitpunkt, dem die Rasterpunkte 1, 2, 6, 10 und 14 zugeordnet sind, und addiert sie zu den entsprechenden Festkosten und rechnet die Summe zum Barwert um. Anschließend setzt man die Arbeitskostenberechnung fort, bis man den Zeitpunkt erreicht hat, dem die Rasterpunkte 3, 7, 11 und 15 zugeordnet sind. Hier führt man die gleichen Kostenadditionen durch und wiederholt dann diesen Prozeß so oft, bis man bei den Punkten 5, 9, 13, 17 und 18 das Ende des ersten Bereichs I erreicht hat. Bei der Berücksichtigung mehrerer Anlagetypen hätten bei diesen die Additionen von festen Kosten und Arbeitskosten in den entsprechenden Zeitpunkten in gleicher Weise durchgeführt werden müssen.

Jetzt macht man sich zweckmäßigerweise von der Leistungs-Zeit-Darstellung in Bild 5.4–1a frei und geht zu einer topologischen Darstellung über, wie sie Bild 5.4–1b zeigt. Hier stellt der einzelne Punkt 1 den Ausgangspunkt der Planung dar. Die senkrechte Zahlenfolge, die als Bereich I bezeichnet ist, stellt die Numerierung des Rasters des Definitionsbereichs I dar. Von jedem der 18 Punkte dieses Bereichs I läßt sich eine Verbindungslinie zum Ausgangspunkt der Planung zeichnen, und in der beschriebenen Art die Summe der zugehörigen Arbeitskosten und festen Kosten angeben.

Die Fortsetzung der Rechnung geht so vor sich, daß man, ausgehend von dem Definitionsbereich I in Bild 5.4–1a, einen weiteren Definitionsbereich konstruiert für die nächste zu planende Anlage. Es ergibt sich hierbei wieder ein frühestmöglicher und ein spätestmöglicher Zuschaltpunkt neuer Kapazität. Der frühestmögliche kann durchaus innerhalb des Definitionsbereiches I liegen, denn dies bedeutet lediglich, daß zwei Maschinen gleichzeitig gebaut werden können. Aus Gründen der Übersichtlichkeit wurde in Bild 5.4–1a der früheste Zeitpunkt des Bereichs II hinter den spätesten Zeitpunkt des Bereichs I gelegt. Der spätestmögliche Zeitpunkt des Bereichs II ist durch den Schnittpunkt der horizontalen Geraden CD, die vom Punkt 18 des Rasters I ausgeht, mit der gestrichelten Treppenkurve 2 gegeben. Minimale und maximale Leistungen der neuen Anlagen ergeben sich wieder nach den gleichen Gesichtspunkten wie beim Definitionsbereich I. Auf diese Art hat man den Definitionsbereich für die zweite zu planende Maschine gewonnen. Dieser läßt sich ebenfalls durch ein Raster aufteilen wobei allerdings dieses jetzt abhängig ist vom Raster des Definitionsbereichs I, denn zu jeder Leistung im Raster I läßt sich jede Leistung im Raster II addieren. Die Rasterpunkte des Definitionsbereichs II werden wieder fortlaufend zeilenweise durchnumeriert. In der topologischen Darstellung in Bild 5.4–1b läßt sich entsprechend dieser Numerierung eine weitere Zahlenreihe einzeichnen, die mit Bereich II gekennzeichnet ist. Das Raster II enthält in diesem Beispiel 29 Punkte.

Im nächsten Schritt sucht man, ausgehend von den Punkten des Rasters II, alle möglichen Verbindungen zu den Punkten des Rasters I heraus. Wenn man das Bild 5.4–1a betrachtet, stellt man nämlich fest, daß z.B. von den Punkten 27, 28 und 29 des Bereichs II nur jeweils eine Verbindungslinie zum Raster I möglich ist, denn ausgehend vom Raster I erreicht man diese drei Punkte des Rasters II nur dadurch, daß man zum Punkt 18 des Rasters I die maximal mögliche Leistung des Rasters II addiert. So gibt es von jedem Punkt des Bereichs II nur eine beschränkte Anzahl von Verbindungsmöglichkeiten zu den Punkten des Bereichs I. In Bild 5.4–1b sind diese Verbindungsmöglichkeiten durch die jeweiligen Grenzlinien wiedergegeben. Von allen diesen Verbindungsmöglichkeiten sucht man nun diejenigen heraus, welche bis zum zugehörigen Punkt im Bereich II die kleinste Summe von festen Kosten und Arbeitskosten liefert. Wenn man diese Minimalkostensuche für alle Punkte des Bereichs II durchgeführt hat, ist der zweite Gesamtschritt abgeschlossen.

Ausgehend vom Definitionsbereich für die zweite Maschine läßt sich ein weiterer Definitionsbereich für die dritte zu planende Maschine nach genau den gleichen Gesichtspunkten wie beim Bereich II ermitteln. Man kann sich also auf diese rekursive Art beliebig weit in die Zukunft hinein vorarbeiten und erhält dabei in der topologischen Darsttellung ein sog. gerichtetes Netzwerk, das die Eigenschaft hat, daß ausgehend von jedem Punkt des jeweils letzten Bereichs eine und nur eine Verbindungsmöglichkeit zum Ausgangspunkt der Planung besteht. Da ein fester Zusammenhang zwischen der topologischen Darstellung in Bild 5.4–1b und der Leistungs-Zeit-Darstellung in Bild 5.4–1a besteht, stellt jeder dieser Verbindungswege zwischen jedem Punkt des jeweils letzten Bereichs und dem Ausgangspunkt der Planung eine Optimallösung des Problems dar, und zwar bezogen auf den zugehörigen

Punkt des letzten Bereichs.

Interessant ist aber meist nur eine bestimmte Lösung. Man muß also aus allen diesen Lösungen diese eine heraussuchen. Um diese zu finden, muß man bestimmte Forderungen an den Zustand stellen, in dem sich das System am Schluß der Planung befinden soll. Dieser Endzustand kann z.B. darin bestehen, daß man sich auf einen Endzeitpunkt der Planung festlegt und auf eine bestimmte Gesamtleistung, die zu diesem Endzeitpunkt installiert sein soll. Diese Leistung kann z.B. gleich der Netzhöchstlast zusätzlich der Mindestreserve sein.

Im Rahmen der Voraussetzungen ist das erzielte Optimum für den Netzausbauplan absolut. Die Voraussetzungen bestehen im wesentlichen aus den Prognosen und in der Beschränkung auf die diskreten Rasterpunkte. Um die Fehler der Prognosen weitgehend auszuschalten, ist es sinnvoll, diese Rechnung zu wiederholen, wenn sich Abweichungen von den Vorhersagen einstellen. Wenn die Wiederholungen durchgeführt werden, ist das Ergebnis des tatsächlich bestmöglich erzielbare.

6. Anhang

Vorbemerkung: Nach Möglichkeit wurden die mathematischen Symbole und Zeichen in Übereinstimmung mit den DIN-Blättern 1302, 1338, 5483, 5486 dargestellt. Aus schreibtechnischen Gründen mußte insbesondere zur Darstellung der Vektoren (Kleinbuchstaben) und Matrizen (Großbuchstaben) zur Klammersymbolik gegriffen werden, da die Wiedergabe von halbfetten Buchstaben nicht möglich war. Auch die Variationsableitung wurde durch eckige Klammern dargestellt. Die Bedeutung der einzelnen Variablen sind im Text erklärt.
a^* ist der zu a konjugierte Wert.

$$[x] = \begin{bmatrix} x_1 \\ x_2 \\ \vdots \\ x_n \end{bmatrix}$$ ist ein Spaltenvektor, $[x]_t = (x_1 \ldots x_n)$ ein Zeilenvektor

$$[A] = \begin{bmatrix} a_{11} & a_{12} \cdots & a_{1n} \\ a_{21} & a_{22} \cdots & a_{2n} \\ \vdots & \vdots & \vdots \\ a_{n1} & a_{n1} & a_{nn} \end{bmatrix}$$ ist eine Matrix, $[A]_t$ die zu $[A]$

transponierte Matrix.

F_y ist die partielle Ableitung der Funktion F nach y, $[F]_y$ die Variationsableitung der Funktion F nach y.

6.1. Extrema

6.1.1. Funktionen mit einer Veränderlichen ohne Nebenbedingungen

Der Verlauf einer (reellen) Funktion F(x), welche beliebig oft differenzierbar ist, läßt sich unter Benutzung der Differentialrechnung auf einfache

Weise diskutieren. Es soll aber nicht verschwiegen werden, daß gerade in technischen Anwendungen Funktionen vorkommen, über deren Differenzierbarkeit und Stetigkeit recht wenig vorausgesetzt werden kann. Je weniger Stetigkeits- und Differenzierbarkeits-Voraussetzungen gegeben sind, umso schwieriger gestalten sich Kurvendiskussionen und umso schwieriger sind Extrema aufzufinden. Dieser Umstand wird von Praktikern häufig übersehen. Andererseits erlaubt die Differentialrechnung auf einfache Weise, sogar globale Aussagen über Kurven zu machen.

Mit Hilfe des Taylorschen Satzes läßt sich leicht der folgende Satz über Extrema beweisen: „Verschwinden für eine Funktion F(x) an der Stelle x_0 die erste bis zu einer ungeraden Ableitung und ist die erste nichtverschwindende gerade Ableitung negativ (positiv), so ist $F(x_0)$ ein relatives Maximum (Minimum) der Funktion F(x)." Hieraus folgt, daß auf jeden Fall die erste Ableitung verschwinden muß. Das Verschwinden der ersten Ableitung ist also eine notwendige Bedingung. Eine Funktion, deren erste Ableitung an einer Stelle verschwindet, heißt dort stationär. Verschwindet dann auch die zweite Ableitung, so wird für das Bestehen eines Extremums gefordert, daß auch die dritte Ableitung verschwindet usw. Eine Entscheidung darüber, ob ein Maximum oder Minimum vorliegt, gibt in der Reihe der Ableitungen die erste nicht verschwindende Ableitung, und diese muß von gerader Ordnung sein, d.h. mit geradem n gilt

$$F'(x_0) = F''(x_0) = ... = F^{(n-1)}(x_0) = 0; \; F^n(x_0) \neq 0 . \qquad (6.1-1)$$

Ist n jedoch ungerade, so liegt ein Wendepunkt vor.

(6.1–1) kann nun an mehreren Punkten erfüllt sein. Dann hat die Funktion mehrere sog. relative Extrema. Eine Funktion F(x) hat in x_0 ein relatives Minimum (Maximum), wenn sie in einer gewissen Umgebung von x_0 keine kleineren (größeren) Werte als F (x_0) annimmt. Randextrema werden auf diese Weise nicht erfaßt.

Oftmals ist eine Funktion nicht beliebig oft differenzierbar, wenn dann in einer gewissen Umgebung wenigstens die erste Ableitung existiert, so kann der folgende Satz nützlich sein: „Ist eine Funktion in einer Umgebung von x_0 differenzierbar und ist $F'(x_0) = 0$, so ist $F(x_0)$ ein relatives Maximum (Minimum), wenn F'(x) mit wachsendem x ein Vorzeichen von – nach + (von + nach –) wechselt."

Ist eine Funktion nur stetig und ist über die Existenz von Ableitungen nichts bekannt, und weiß man wenigstens, daß diese Funktion in einem abgeschlossenen Intervall nur ein einziges Minimum hat, so kann dieses durch systematisches Suchen gefunden werden. Näheres über diese sog. Fibonacci-Suche findet man in [37].

Die Existenz eines absoluten Extremums für stetige Funktionen sichert der folgende Satz: „Jede in einem abgeschlossenen Intervall $a \leqq x \leqq b$ stetige Funktion F(x) besitzt dort wenigstens ein absolutes Maximum (Minimum)." Hier ist sehr wichtig, daß das Intervall als abgeschlossen vorausgesetzt wird, d.h. daß die Randpunkte mit eingeschlossen sind. So hat die Funktion

$$F(x) = \frac{1}{1+x}, \quad 0 \leqslant x < 1 \tag{6.1–2}$$

für $x_1 = 0$ zwar ein Maximum, aber nirgends Minimum. $F(x)$ kommt von links zwar dem Wert 1/2 beliebig nahe, erreicht diesen Wert aber nie, da $x_2 = 1$ ausgeschlossen ist.

6.1.2. Extrema für Funktionen mit mehreren Veränderlichen ohne Nebenbedingungen

Bei Funktionen $F([x])$* von mehreren Veränderlichen ist die Bestimmung von Extrema nicht so einfach. Es gilt allerdings auch hier der entsprechende Existenzsatz, wonach jede in einem abgeschlossenen Gebiet

$$[a] \leqslant [x] = \begin{bmatrix} x_1 \\ \vdots \\ x_n \end{bmatrix} \leqslant [b] \tag{6.1–3}$$

stetige Funktion $F([x])$ dort wenigstens ein absolutes Maximum (Minimum) besitzt, und für die differenzierbaren Funktionen ist auch hier die notwendige Bedingung das Verschwinden aller ersten Ableitungen. Existieren darüber hinaus in einer gewissen Umgebung alle zweiten Ableitungen, so kann folgender Satz nützlich sein: „Die Funktion $F([x])$ sei in einer Umgebung von $[x_0]$ zweimal differenzierbar, und es sei $F'([x_0]) = 0$, dann besitzt diese Funktion an der Stelle $[x_0]$ sicher dann ein Minimum (Maximum), wenn die Matrix

$$[A([x_0])] = \left[\left(\frac{\partial^2 F([x_0])}{\partial x_i \, \partial x_k}\right)\right], \quad (i, k = 1, \dots n) \tag{6.1–4}$$

positiv-definit (negativ-definit) ist.“ Ist $[A([x_0])]$ nur semidefinit, bedarf es einer weiteren Untersuchung. Ist darüber hinaus $[A([x])]$ noch wenigstens in

---

* Zur Vereinfachung der Schreibweise werden mehrere Veränderliche $x_1, x_2, \dots x_n$ zu einem Vektor $[x] = \begin{pmatrix} x_1 \\ \vdots \\ x_n \end{pmatrix}$ zusammengefaßt.

einer gewissen Umgebung von $[x_0]$ positiv-definit oder -semidefinit (negativ-definit oder -semidefinit), so liegt ein Minimum (Maximum) vor.

6.1.3. Extrema mit Nebenbedingungen in Gleichungsform; Lagrange-Multiplikatoren

Wird eine Funktion von mehreren Veränderlichen in ihrer Mannigfaltigkeit eingeschränkt, so kann dies auf verschiedene Weise geschehen. Die Berücksichtigung von Nebenbedingungen in Gleichungsform führt im allgemeinen auf eine Verminderung der Anzahl der freien Veränderlichen und damit der Dimension des zu untersuchenden Bereichs. Die Berücksichtigung von Nebenbedingungen in Ungleichungsform wird in Kap. 6.4 behandelt. Auch hier wird der Variationsbereich eingeschränkt.

Es sei das Extremum einer Funktion $F([x])$ von n Veränderlichen unter den Nebenbedingungen

$$g_1([x])=0\,,\quad g_2([x])=0,\quad g_m([x])=0 \tag{6.1–5}$$

zu bestimmen. Zunächst würde man daran denken, die m Nebenbedingungen dadurch zu berücksichtigen, daß man unter Benutzung dieser Nebenbedingungen m Veränderliche in $F([x])$ eliminiert. Doch kann dies zu unüberwindlichen algebraischen Schwierigkeiten führen, falls die Gleichungen überhaupt algebraischer Natur sind. Auch dann, wenn die Auflösung und Elimination gelingen sollte, ergeben sich Nachteile, weil dann die verbleibende Funktion von n-m Veränderlichen meist erheblich komplizierter ist. Schließlich wird auch die Symmetrie gestört. Eine Elimination lohnt sich eigentlich nur, wenn hierdurch eine Funktion mit einer Veränderlichen entsteht.

Die von Lagrange eingeführte Methode vermeidet alle diese Schwierigkeiten und ist von einer bestechenden Eleganz. Da die Anzahl der Nebenbedingungen m niemals größer sein darf als die Anzahl n der Veränderlichen

$$[x] = \begin{bmatrix} x_1 \\ \vdots \\ x_n \end{bmatrix}, \tag{6.1–6}$$

gilt $m < n$, und es existiert eine rechteckige $m \times n$-Matrix

$$\left(\frac{\partial g_i}{\partial x_k}\right) \qquad \begin{aligned} i &= 1, \dots m\,, \\ k &= 1, \dots n\,. \end{aligned} \tag{6.1–7}$$

Diese Funktionalmatrix habe in einem gewissen Definitionsbereich der x_i überall den Maximalrang m, d.h. es ist dort wenigstens eine Funktionaldeterminante

$$\frac{\partial(g_1, g_2, \dots g_m)}{\partial(x_{k_1}, x_{k_2}, \dots x_{k_m})} \neq 0^* , \qquad (6.1-8)$$

Hierbei sind die Indexkombinationen $k_1, \dots k_m$ aus den Zahlen $1, \dots n$ genommen.

Die Multiplikatoren-Methode von Lagrange besteht darin, daß eine Lagrange-Funktion $\Phi\,(x_1, \dots x_n, \lambda_1, \dots \lambda_m)$ gebildet wird, indem zu der zu minimierenden Funktion $F([x])$ die mit zunächst noch unbestimmten Faktoren $\lambda_1, \dots \lambda_m$ multiplizierten Nebenbedingungen in Nullform (nach (6.1–5)) hinzuzuaddieren sind. Diese Faktoren werden Lagrange-Multiplikatoren genannt. Notwendige Bedingungen für das Eintreten eines Extremums (aber auch eines Sattelpunkts) erhält man dadurch, daß man alle partiellen Ableitungen nach den $x_1, \dots x_n$ dieser Lagrange-Funktion

$$\Phi\,([x], [\lambda]) = F([x]) + \sum_{\mu=1}^{m} \lambda_\mu\, g_\mu\,([x]) \qquad (6.1-9)$$

gleich Null setzt, also

$$\frac{\partial \phi}{\partial x_i} = \frac{\partial F([\hat{x}])}{\partial x_i} + \sum_{\mu=1}^{m} \hat{\lambda}_\mu \frac{\partial g_\mu([\hat{x}])}{\partial x_i} = 0\,, \quad i = 1, \dots n\,. \qquad (6.1-10)$$

Es ergeben sich auf diese Weise zusammen mit den Nebenbedingungen (6.1–5) n+m Gleichungen für ebenso viele Unbekannte $x_1, \dots x_n, \lambda_1, \dots \lambda_m$. Diese Gleichungen sind zwar in den λ_μ linear, i.allg. jedoch nicht für die x_ν.

6.2. Beispiele

a) Die Funktion

$$y = x^7 - 11x^6 + 51x^5 - 129x^4 + 192x^3 - 168x^2 + 80x - 16 \qquad (6.2-1)$$

besitzt an der Stelle $x_1 = 2$ die Eigenschaften

$$y(2) = y'(2) = y''(2) = y'''(2) = 0; y^{IV}(2) = 24 > 0. \qquad (6.2-2)$$

also hat die Funktion dort ein Minimum. An der Stelle $x_2 = 1$ gilt hingegen

$$y(1) = y'(1) = y''(1) = 0;\ y'''(1) = 6\,. \qquad (6.2-3)$$

---

* Diese Bedingung braucht in der Praxis meist nicht überprüft zu werden; sie sichert nur von vornherin das Funktionieren der Methode. Ein Verschwinden dieser Funktionaldeterminante hat zur Folge, daß dann das System keine Lösung hat.

Dort hat die Funktion also kein Extremum, sondern einen Sattelpunkt. Was läßt sich über die Nullstellen von y und ihre Vielfachheit sagen?

b) Die Funktion von drei Veränderlichen

$$y = F([x]) = 10x_1^2 + 4x_1x_2 - 2x_1x_3 + x_2^2 + 2x_2x_3 + 4x_3^2 - 30x_1 - 6x_2 + 6x_3 + 40 \qquad (6.2\text{–}4)$$

soll auf ein Minimum untersucht werden. Es werden zu diesem Zweck die folgenden partiellen Ableitungen nach allen Veränderlichen gleich Null gesetzt

$$\frac{\partial y}{\partial x_1} = 20x_1 + 4x_2 - 2x_3 - 30 = 0\,,$$

$$\frac{\partial y}{\partial x_2} = 4x_1 + 2x_2 + 2x_3 - 6 = 0\,, \qquad (6.2\text{–}5)$$

$$\frac{\partial y}{\partial x_3} = -2x_1 + 2x_2 + 8x_3 + 6 = 0\,.$$

Die Lösung dieses Gleichungssystems ergibt

$$[x_0] = \begin{pmatrix} x_{10} \\ x_{20} \\ x_{30} \end{pmatrix} = \begin{pmatrix} 1 \\ 2 \\ -1 \end{pmatrix} \qquad (6.2\text{–}6)$$

Um zu erkennen, ob an dieser Stelle ein Maximum, Minimum oder ein Sattelpunkt vorliegt, bilden wir die Matrix der zweiten Ableitungen gemäß (6.1–4) und erhalten

$$[A([x_0])] = \left[\frac{\partial^2 F([x_0])}{\partial x_i\ \partial x_k}\right] = 2\begin{pmatrix} 10 & 2 & -1 \\ 2 & 1 & 1 \\ -1 & 1 & 4 \end{pmatrix} = 2[B]\,. \qquad (6.2\text{–}7)$$

Die Hauptabschnittsdeterminanten von [B] gemäß (5.8–34) ergeben

$$\det[B^{(1)}] = 10\,,$$

$$\det[B^{(2)}] = \begin{vmatrix} 10 & 2 \\ 2 & 1 \end{vmatrix} = 6\,,$$

$$\det[B^{(3)}] = \begin{vmatrix} 10 & 2 & -1 \\ 2 & 1 & 1 \\ -1 & 1 & 4 \end{vmatrix} = 9\,, \qquad (6.2\text{–}8)$$

Da diese Determinanten alle positiv sind, ist [B] und damit auch [A([x_0])] positiv-definit. Die Funktion y([x]) hat an der Stelle [x_0] somit ein Minimum.

c) Die in (6.2–4) definierte Funktion y([x]) wird noch zusätzlich durch die Nebenbedingung

$$g([x]) = 41x_1 - 2x_2 + 10x_3 - 49 = 0 \tag{6.2–9}$$

eingeschränkt. Die Lagrange-Funktion Φ (x, λ) gemäß (6.1–9) lautet dann in matrizieller Schreibweise

$$\phi(x, \lambda) = [x]_t \begin{pmatrix} 10 & 2 & -1 \\ 2 & 1 & 1 \\ -1 & 1 & 4 \end{pmatrix} [x] + [x]_t \begin{pmatrix} 30 \\ -6 \\ +6 \end{pmatrix} +$$

$$+40 + \lambda\left([x_t] \begin{pmatrix} 41 \\ -2 \\ 10 \end{pmatrix} -49\right). \tag{6.2–10}$$

Die partiellen Ableitungen nach (6.1–10) ergeben das zu lösende System

$$2\begin{pmatrix} 10 & 2 & -1 \\ 2 & 1 & 1 \\ -2 & 1 & 4 \end{pmatrix} [x] + \begin{pmatrix} 30 \\ 6 \\ 6 \end{pmatrix} + \lambda \begin{pmatrix} 41 \\ -2 \\ 10 \end{pmatrix} = \begin{pmatrix} 0 \\ 0 \\ 0 \end{pmatrix}, \tag{6.2–11}$$

dem die Nebenbedingung (6.2–9) hinzuzufügen ist. Es ergibt sich als Lösungspunkt

$$[x] = \begin{pmatrix} 1 \\ 1 \\ 1 \end{pmatrix} \; ; \; \lambda = -1, \tag{6.2–12}$$

der gleichfalls ein Minimum darstellt.

Man berechne das Minimum. Ohne die Anwendung der Lagrangeschen Multiplikatorenmethode kann die Aufgabe auch dadurch gelöst werden, daß man eine Veränderliche, z.B. x_3, eliminiert. Hierzu rechnet man x_3 aus (6.2–9) aus und setzt den erhaltenen Ausdruck in die Funktion y = F ([x]) nach (6.2–4) ein. Die sich so ergebende Funktion von zwei Veränderlichen ohne Nebenbedingungen behandle man gemäß Beispiel b. Man vergleiche die Ergebnisse.

6.3. Konvexe Mengen und Funktionen

6.3.1. Arithmetische Mittel

Mit den Gewichten $\alpha_i > 0$, i=1, ... n, und der Bedingung $\sum_{i=1}^{n} \alpha_i = 1$ erhält man aus den x_i einen Mittelwert x gemäß

$$\tilde{x} = \sum_{i=1}^{n} \alpha_i x_i \,. \tag{6.3–1}$$

Es gilt der folgende Satz: „$\underline{x}$ sei der Minimalwert, $\overline{x}$ der Maximalwert aller x_i, so gilt

$$\underline{x} \leqslant x \leqslant \overline{x}\text{"}\,. \tag{6.3–2}$$

Beweis: Einmal läßt sich (6.3–1) schreiben

$$\tilde{x} = \sum_{i=1}^{n} \alpha_i \underline{x} + \sum_{i=1}^{n} \alpha_i (x_i - \underline{x}) \tag{6.3–3}$$

$$= \underline{x} + \sum_{i=1}^{n} \alpha_i (x_i - \underline{x})\,, \tag{6.3–4}$$

Wegen $\alpha_i > 0$ und $x_i - \underline{x} \geqq 0$ folgt

$$\tilde{x} \geqslant \underline{x}\,. \tag{6.3–5}$$

Andererseits läßt sich (6.3–1) auch schreiben

$$\tilde{x} = \sum_{i=1}^{n} \alpha_i \overline{x} - \sum_{i=1}^{n} \alpha_i (\overline{x} - x_i) \tag{6.3–6}$$

$$= \overline{x} - \sum \alpha_i (\overline{x} - x_i)\,, \tag{6.3–7}$$

woraus wegen $\alpha_i > 0$ und $x - x_i \geqq 0$ folgt

$$\tilde{x} \leqslant \overline{x} \tag{6.3–8}$$

was zu beweisen war.

Man erkennt auch die Wichtigkeit der Voraussetzung positiver Gewichte α_i. Nur so läßt sich der Satz, daß der Mittelwert zwischen Minimal- und Maximalwert liegt, beweisen.

Nun seien $[x_i]$ Vektoren und es gelte wieder $\alpha_i > 0$ und $\sum_{i=1}^{n} \alpha_i = 1$, dann heißt das mit diesen Gewichten gebildete arithmetische Mittel

$$[\tilde{x}] = \sum_{i=1}^{n} \alpha_i [x_i] \tag{6.3–9}$$

echte Konvex-Kombination. Läßt man unter den α_i auch den Wert Null zu, also $\alpha_i \geqq 0$, so heißt $[x]$ nur (unechte) Konvex-Kombination.

6.3.2. Konvexe Mengen

Eine Punktmenge K heißt konvex, wenn mit zwei seiner Punkte $[x_1]$ und $[x_2]$ auch die Verbindungsstrecke ganz zur Punktmenge gehört, d.h. die nicht notwendig echte Konvexkombination (mit $\alpha_i \geqq 0$ und $\alpha_1 + \alpha_2 = 1$)

$$[x] = \alpha_1 [x_1] + \alpha_2 [x_2] = \alpha_1 [x_1] + (1 - \alpha_1) [x_2] \tag{6.3–10}$$

gehört auch zu K.

Beispiele: Die Punktmengen, welche durch das Innere und den Rand der klassischen regulären Polyeder im dreidimensionalen Raum definiert sind, wie Tetraeder, Würfel, Oktaeder, Dodekaeder, Ikosaeder, sind konvexe

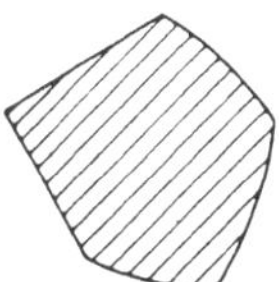

Abb. 6.3–1: Zweidimensionale ebene Punktmengen

Mengen. Die entsprechenden Körper heißen auch konvex. Das gleiche gilt auch für die Kugel oder das Ellipsoid (vgl. Bild 6.3–1).

Eine Ecke kann so definiert werden: „Ein Punkt $[x]$ heißt Ecke einer konvexen Menge K, wenn er sich nur als unechte Konvex-Kombination zweier seiner Punkte darstellen läßt.“

6.3.3. Konvexe Funktionen

Es sei wieder $\alpha_i > 0$ und $\alpha_1 + \alpha_2 = 1$, dann gilt folgende Definition: „Eine reelle Funktion F(x) einer reellen Veränderlichen x heißt konvex,* wenn

$$F(\alpha_1 x_1 + \alpha_2 x_2) \leqslant \alpha_1 F(x_1) + \alpha_2 F(x_2)\,, \qquad (6.3\text{–}11)$$

d.h. die Funktion, genommen an einer mittleren Stelle ist immer kleiner als der entsprechende Mittelwert (mit gleichen Gewichtsfaktoren α_1, α_2). Wird das Gleichheitszeichen ausgeschlossen, so heißt F(x) streng konvex, und es gilt unter der zusätzlichen Voraussetzung $x_1 \neq x_2$

$$F(\alpha_1 x_1 + \alpha_2 x_2) < \alpha_1 F(x_1) + \alpha_2 F(x_2)". \qquad (6.3\text{–}12)$$

Diese grundlegenden Begriffe lassen sich auf Funktionen mit mehreren reellen Veränderlichen verallgemeinern. Diese Veränderlichen seien zu einem

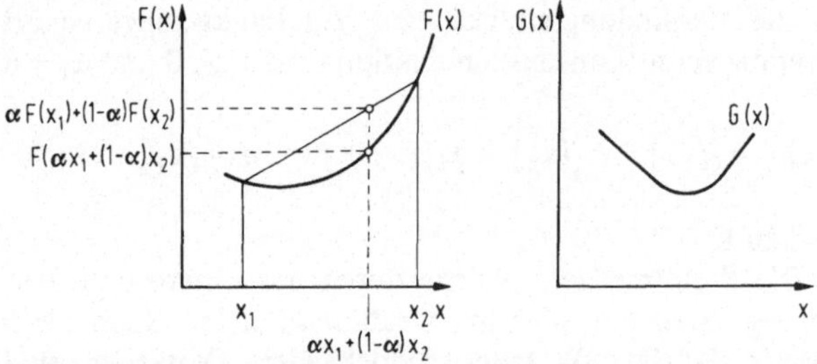

Abb. 6.3–2: Streng-konvexe Funktion F(x) und konvexe Funktion G(x)

Vektor [x] zusammengefaßt. [x] gehöre einer konvexen Menge an. Dann heißt F([x]) konvex, wenn für $\alpha_i > 0$ und $\alpha_1 + \alpha_2 = 1$

$$F(\alpha_1 [x_1] + \alpha_2 [x_2]) \leqslant \alpha_1 F([x_1]) + \alpha_2 F([x_2]). \qquad (6.3\text{–}13)$$

Gilt für $[x_1] \neq [x_2]$ anstelle von $\leq$ nur $<$, so heißt die Funktion streng konvex (Bild 6.3–2).

---

* Genau genommen müßte man diese Funktionen *„nach unten konvex"* oder *„von unten gesehen konvex"* nennen, doch hat man sich auf die einfache Bezeichnung „konvex" geeinigt.

6.3.3.1. Charakterisierung konvexer Funktionen durch die Differentialrechnung. Ist die Funktion F(x) auf einer konvexen Menge definiert und hat sie dort überall stetige zweite partielle Ableitungen und ist die Matrix

$$[A([x])] = \left(\frac{\partial^2 F([x])}{\partial x_i \partial x_k}\right), \quad i, k = 1, \dots n \qquad (6.3\text{–}14)$$

dort positiv-semidefinit bzw. positiv-definit, so ist f([x]) konvex bzw. streng konvex.
Es gelten die folgenden Sätze: a) „Die auf einer abgeschlossenen konvexen Menge B definierte konvexe Funktion F([x]) hat relative Minima, die zugleich absolute Minima sind. Die Menge der Minimalpunkte ist konvex." b) „Die auf einer abgeschlossenen konvexen Menge B definierte streng konvexe Funktion F([x]) hat höchstens einen (absoluten) Minimalpunkt."

6.4. Extremalaufgaben mit Nebenbedingungen in Ungleichungsform; Methode von Kuhn und Tucker

Zahlreiche Extremalaufgaben der Praxis enthalten einschränkende Bedingungen in Ungleichungsform. Diese Ungleichungen liegen häufig in der Natur der eingesetzten Betreibsmittel: Transformatoren, Leitungen dürfen über eine gewisse Scheinleistung, Strombelastung hinaus nicht betrieben werden; Kraftwerke haben eine untere und eine obere Grenze der abgebbaren Wirkleistung Kuhn und Tucker [38] haben 1950 eine Methode angegeben, welche unter Bedingungen, die aus Gründen der Eindeutigkeit der Lösung ohnehin gefordert werden müssen, in eleganter Weise eine Lösung zu finden erlaubt. Sie besteht in einer Erweiterung der Lagrangeschen Multiplikatorenmethode. Da jede Gleichung, z.B. $f(x) = 0$, auch in der Form zweier Ungleichungen $f(x) \leqq 0$ und $-f(x) \leqq 0$ geschrieben werden kann, muß die Lagrangesche Methode in derjenigen von Kuhn und Tucker enthalten sein.

Wir betrachten den wichtigen Sonderfall der konvexen Optimierung. In den letzten Jahren haben sich hier gewisse einheitliche Bezeichnungen bezüglich der Darstellung der Ungleichungen eingebürgert, die man auch in den Anwendungen nach Möglichkeit beachten sollte, da sie Vorzeichenfehler nach Möglichkeit ausschließen. Es soll wieder gefordert werden, daß F([x]) ein Extremum annimmt, doch diesmal wird ausdrücklich gefordert, daß dies ein Minimum sei, also

$$F([x]) = \text{Min} \qquad (6.4\text{–}1)$$

unter den Ungleichungsbedingungen

$$f_i([x]) \leqslant 0\,, \qquad i = 1, \dots m\,. \tag{6.4–2}$$

Ferner sei [x] nicht-negativ, also

$$[x] \geqslant 0\,. \tag{6.4–3}$$

Die Funktionen $F_1([x]), \dots, f_m([x])$ seien konvex, dann lautet die hier einzuführende Lagrange-Funktion

$$\phi([x][u]) = F([x]) + \sum_{\mu=1}^{m} u_\mu f_\mu([x])\,. \tag{6.4–4}$$

Der Satz von Kuhn und Tucker lautet dann: „Ein Vektor [x] ist dann und nur dann eine Lösung der durch die Bedingungen (6.4–1), (6.4–2) und (6.4–3) festgelegten Minimalaufgabe, wenn ein Vektor [u] existiert, derart, daß die folgende Sattelpunktsbedingung erfüllt ist

$$\phi([\hat{x}][u]) \leqslant \phi([\hat{x}][\hat{u}]) \leqslant \phi([x][\hat{u}]) \tag{6.4–5}$$

für alle $[x] \geqslant [0]$ und $[u] \geqslant [0]$

und gleichzeitig auch

$$[\hat{x}] = [0]\,, \qquad [\hat{u}] = [0] \tag{6.4–6}$$

gilt."

Für die Praxis meist wichtiger sind die folgenden lokalen Bedingungen für differenzierbare Funktionen $F([x])$ und $f_i([x])$

$$\left.\begin{aligned} &\frac{\partial\phi([\hat{x}])([\hat{u}])}{\partial x_i} \geqslant 0\,, && (6.4\text{–}7a)\\ &x_i\,\frac{\partial\phi([\hat{x}])([\hat{u}])}{\partial x_i} = 0\,, && (6.4\text{–}7b)\\ &\hat{x}_i \geqslant 0\,, && (6.4\text{–}7c) \end{aligned}\right\}\quad i = 1, \dots n$$

$$\left.\begin{aligned} &\frac{\partial\phi([\hat{x}])([\hat{u}])}{\partial u_j} \dot{\leqslant} 0\,, && (6.4\text{–}8a)\\ &\hat{u}_j\,\frac{\partial\phi([\hat{x}])([\hat{u}])}{\partial u_j} \doteq 0\,, && (6.4\text{–}8b)\\ &\hat{u}_j \dot{\geqslant} 0\,, && (6.4\text{–}8c) \end{aligned}\right\}\quad j = 1, \dots n$$

Häufig fehlt die Bedingung (6.4–3). In diesem Falle können die Forderungen (6.4–7a) bis (6.4–7c) ersetzt werden durch die einzige Forderung

$$\frac{\partial \phi([\hat{x}], [\hat{u}])}{\partial x_i} = 0 . \qquad (6.4–7^*)$$

Man erkennt dies dadurch, daß man dann zu jedem nicht-vorzeichenbeschränkten x_i zwei vorzeichenbeschränkte $x_{i+n} \geqq 0$ und $x_{i+2n} \geqq 0$ einführen kann und jedes x_i darstellt als Differenz zweier vorzeichenbeschränkter Variablen, also $x_i = x_{i+n} - x_{i+2n}$. Nun müssen nach (6.4–7a) gleichzeitig gelten

$$\frac{\partial \phi([\hat{x}], [\hat{u}])}{\partial x_{i+n}} = \frac{\partial \phi}{\partial x_i} \frac{\partial x_i}{\partial x_{i+n}} = \frac{\partial \phi}{\partial x_i} \geqslant 0 \qquad (6.4–9)$$

und

$$\frac{\partial \phi([\hat{x}], [\hat{u}])}{\partial x_{i+2n}} = \frac{\partial \phi}{\partial x_i} \frac{\partial x_i}{\partial x_{i+2n}} = \frac{\partial \phi}{\partial x_i} \geqslant 0 , \qquad (6.4–10)$$

was nur möglich ist, wenn (6.4–7*) erfüllt ist. (6.4–7b) ist dann auch erfüllt, und (6.4–7c) ist gegenstandslos. (6.4–8a) ist gleichbedeutend mit (6.4–2), und (6.4–8b) besagt, daß nur dann $f_i([x]) < 0$ werden darf, wenn $u_i = 0$ ist, und $u_i > 0$ ist nur dann zulässig, wenn $f_i([x]) = 0$ ist.

6.5. Variationsrechnung

6.5.1. Notwendige Bedingungen; Euler-Lagrangesche Differentialgleichung

Während man mit Hilfe der Differntialrechnung Extrema von Funktionen bestimmt und als Ergebnis einen Zahlenwert oder im Falle mehrerer Dimensionen einen Vektor erhält, untersucht die Variationsrechnung das Extremum eines Funktionals, wobei das Ergebnis eine Funktion oder ein Funktionenvektor ist, was geometrisch gesprochen eine Kurve, Fläche, Hyperfläche sein kann. Ein Funktional ist allgemein gesprochen eine Vorschrift, welche einer Funktion einen Zahlenwert zuordnet. Man denkt dabei im Bereich der klassischen Variationsrechnung in der Regel an ein Integral. Die typische Fragestellung der Variationsrechnung läßt sich am einfachsten an einem Funktional der folgenden Form studieren:

$$J = \int_{x_1}^{x_2} F(x,y(x),y'(x))dx = \text{Min} . \qquad (6.5–1)$$

Gesucht ist also eine Kurve, welche durch die Gleichung $y = y(x)$ im Bereich $x_1 \leq x \leq x_2$ beschrieben wird. Das hier allgemein definierte bestimmte Integral soll durch geeignetes „Verbiegen" der so definierten Kurve zu einem Minimum * gebracht werden. Die Kurve soll dabei im Anfangs- und Endpunkt festgehalten werden (feste Randpunkte). Unter dem Integralzeichen kommen außer x und y nur noch die erste Ableitung y' vor. (In allgemeineren Aufgabenstellungen können natürlich auch höhere Ableitungen zugelassen werden.) Um dieses Verbiegen mathematisch erfassen zu können, überlagern wir der Lösung $y_0(x)$ eine mit einem Parameter ϵ multi-

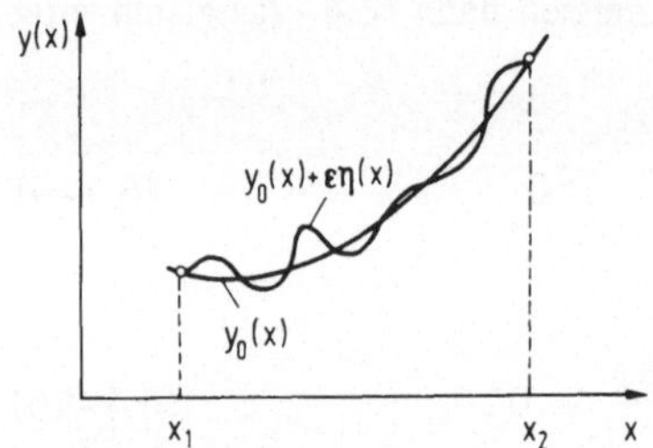

Abb. 6.5–1: Überlagerung der Lösungsfunktion y_0 von einer willkürlichen stetig-differenzierbaren Funktion $\epsilon\eta$ (x), die an den Rändern x_1 und x_2 verschwindet

plizierte willkürliche stetig-differenzierbare Funktion $\eta(x)$, die für die Randpunkte verschwinden muß ($\eta(x_1) = \eta(x_2) = 0$, Bild 6.5–1. Wir betrachten jetzt das Funktional als Funktion von ϵ, also

$$J(\epsilon) = \int_{x_1}^{x_2} F(x, y_0 + \epsilon\eta, y_0' + \epsilon\eta')\, dx\,. \tag{6.5–2}$$

Aus der Differentialrechnung wissen wir, daß die notwendige Bedingung für das Eintreten eines Extremums das Verschwinden der Ableitung nach ϵ sein muß. Hierbei ist unter gewissen Voraussetzungen die Differentiation unter dem Integralzeichen erlaubt, hierbei kürzen wir z.B. die partielle Ableitung von F nach y durch F_y ab. Es ist dann

$$\frac{dJ}{d\epsilon} = \int_{x_1}^{x_2} \left[F_y(x, y_0 + \epsilon\eta, y_0' + \epsilon\eta') \cdot \eta + F_y'(x, y_0 + \epsilon\eta, y_0' + \epsilon\eta')\eta'\right] dx \tag{6.5–3}$$

Diese Ableitung muß für $\epsilon = 0$ verschwinden, damit y_0 die gesuchte Lösung darstellt

* Die Behandling einer Maximum-Aufgabe ist in gleicher Weise möglich, wenn man das Vorzeichen des Funktionals umkehrt.

$$\left.\frac{dJ}{d\epsilon}\right|_{\epsilon=0} = \int_{x_1}^{x_2} [F_y(x_1, y_0, y_0')\eta + F_y'(x, y_0, y_0')\eta'] \, dx = 0\,. \tag{6.5–4}$$

Damit $\eta(x)$ ausgeklammert werden kann, wenden wir die Teilintegration an, womit man in etwas kürzerer Schreibweise erhält

$$\int_{x_1}^{x_2} \left(F_y - \frac{d}{dx} F_{y'}\right) \eta(x)\, dx + \left[F_{y'}\, \eta(x)\right]_{x_1}^{x_2} = 0\,. \tag{6.5–5}$$

Da das letzte Glied wegen des Verschwindens der Funktion η an den Rändern ($\eta(x_1) = \eta(x_2) = 0$) gleich Null wird, ergibt sich die Bedingung

$$\int_{x_1}^{x_2} \left[F_y - \frac{d}{dx} F_{y'}\right] \eta(x)\, dx = 0\,. \tag{6.5–6}$$

was wegen der Willkürlichkeit von $\eta(x)$ nur möglich ist, wenn

$$F_y - \frac{d}{dx} F_{y'} \overset{\text{def}}{=} [F]_y = 0 \tag{6.5–7}$$

erfüllt ist. Diese Gleichung ergibt im allgemeinen eine gewöhnliche Differentialgleichung. zweiter Ordnung für $y(x)$, da $F(x, y, y')$ ja bekannt ist. Sie heißt Euler-Lagrangesche Differentialgleichung. $[F]_y$ wird manchmal als Variationsableitung von F nach y und $[\ ]_y$ Euler-Lagrange-Operator genannt. Die Variationsableitung ist selbstverständlich abhängig von der Definition des Funktionals, das ein Minimum (Maximum) werden soll. In allgemeineren Fällen, in welchen erstens mehrere abhängige Veränderliche y_1, $y_2, \ldots$ zugrundeliegen, die man zu einem Vektor $[y]$ zusammenfaßt, und zweitens auch höhere Ableitungen auftreten, lautet die entsprechende Euler-Lagrangesche Differentialgleichung für den Fall, daß t die unabhängige Veränderliche und zugleich Integrationsveränderliche ist:

$$[F(t, [y], [\dot{y}], [\ddot{y}], \ldots [y^{(n)}])]_{[y]} = F_{[y]} - \frac{d}{dt} F_{[\dot{y}]} + \\ + \frac{d^2}{dt^2} F_{[\ddot{y}]}, \ldots (-1)^n \frac{d^n}{dt^n} F_{[y^{(n)}]} = 0\,. \tag{6.5–8}$$

Die in den Lösungen auftretende größere Mannigfaltigkeit ist durch entsprechende Randbedingungen einzuschränken. Die Anzahl der unabhängigen Veränderlichen läßt sich ebenfalls erhöhen (z.B. im Minimalflächenproblem). Hierüber, über hinreichende Bedingungen und über die manchen Variationsaufgaben eigene besondere Problematik findet man Näheres in der Spezialliteratur.

6.5.2. Gleichungs- und Differentialgleichungs-Nebenbedingungen

Unterwirft man z.B. die Extremalforderung

$$J = \int_{t_1}^{t_2} F(t, [y(t)], [\dot{y}(t)]) \, dt = \text{Min} \tag{6.5–9}$$

auch noch einer Nebenbedingung in Form einer Gleichung

$$G([y(t)]) = 0 \, , \tag{6.5–10}$$

so könnte man, falls dies gelingt, zuvor die Nebenbedingung durch Elimination berücksichtigen. Eleganter ist auch hier wieder die Lagrange-Methode. Sie beruht auf der Überlegung, daß, geometrisch gesehen, die Erfüllung der Nebenbedingung, abgesehen von Randbedingungen, nur solche Variationsfunktionen $\epsilon\eta(t)$ zuläßt, die in der Tangentialebene der Fläche $G([y]) = 0$ liegen, so daß

$$G([y])_{[y]} \; [\eta(t)] = 0 \tag{6.5–11}$$

ist. Damit liegt der Gradient $G([y])_{[y]}$ in der Flächennormalen. Ebenfalls in der Flächennormalen muß die Variationsableitung liegen, wobei man damit rechnen muß, daß der Faktor λ, der beide Gradienten in Beziehung setzt, von Ort zu Ort sich ändern kann. Damit wird der Lagrange-Faktor λ eine Funktion der unabhängigen Veränderlichen t, und man erhält

$$[F(t, [y(t)], [\dot{y}(t)])]_{[y]} \; = \; -\lambda(t) \, G([y])_{[y]} \tag{6.5–12}$$

oder kürzer in Form der folgenden Forderung

$$[F]_{[y]} + \lambda(t) \, G_{[y]} = 0 \tag{6.5–13}$$

oder einheitlich mit Benutzung der Variationsableitung

$$[F + \lambda(t) \, G]_{[y]} = 0 \, . \tag{6.5–14}$$

Es soll ausdrücklich hervorgehoben werden, daß der Lagrange-Faktor λ hier als eine Funktion der Zeit angesetzt werden muß.

Ist die Nebenbedingung nicht, wie in (6.5–2) angegeben, eine Gleichung, sondern eine Differentialgleichung, z.B.

$$G(t, [y(t)], [\dot{y}(t)]) = 0 \, , \tag{6.5–15}$$

so lautet die Euler-Lagrangesche Differentialgleichung, durch die Variationsableitung ausgedrückt, ebenso wie in (6.5–6) angegeben. Auch hier muß λ als eine Funktion der Zeit angesetzt werden. Erweiterungen auf mehrere Gleichungs- bzw. Differentialgleichungs-Nebenbedingungen erfordern im Ansatz entsprechende Lagrange-Faktoren $\lambda_i(t)$. Benutzt man den Ausdruck für die in (6.5–8) angegebenen Variationsableitungen, so ist eine Erweiterung auf den Fall, daß auch höhere Ableitungen der Funktionen y(t) vorkommen, leicht möglich.

6.5.3. Integralnebenbedingungen

Die Behandlung von Integralnebenbedingungen läßt sich ebenso wie in der grundlegenden Theorie der Variationsrechnung auf den Fall der Suche eines Extremums einer Funktion von zwei Parametern ϵ_1 und ϵ_2 mit Nebenbedingung auf die Methoden der Differentialrechnung zurückführen. Das zu minimierende Funktional enthält wieder den Funktionenvektor [y(t)] und ist gegeben durch

$$J = \int_{t_1}^{t_2} F(t, [y(t)], [\dot{y}(t)])\, dt = \text{Min}\,. \tag{6.5–16}$$

Die Integralnebenbedingung in Nullform über die gleiche Integrationsstrecke lautet

$$N = \int_{t_1}^{t_2} G(t, [y(t)], [\dot{y}(t)])\, dt - a = 0\,. \tag{6.5–17}$$

Die Lösungsfunktion y_0 muß nun im Ansatz so variiert werden, daß sie genügend Freiheitsgrade hat. Aus diesem Grund benötigen wir zwei Parameter ϵ_1 und ϵ_2 und auch zwei Variationsfunktionen $[\alpha(t)]$ und $[\beta(t)]$, für welche die Randbedingungen $[\alpha(t_1)] = [\alpha(t_2)] = [\beta(t_1)] = [\beta(t_2)] = [0]$ erfüllt sein müssen. Setzt man

$$[y(t)] = [y_0(t)] + \epsilon_1[\alpha(t)] + \epsilon_2[\beta(t)]) \tag{6.5–18}$$

und

$$[\dot{y}(t)] = [\dot{y}_0(t)] + \epsilon_1[\dot{\alpha}(t)] + \epsilon_2[\dot{\beta}(t)] \tag{6.5–19}$$

in die (6.5–1) und (6.5–2) ein, um das Minimum nach der Lagrange-Methode der Differentialrechnung (Abschnitt 6.1.3) zu bestimmen, so hat man in konsequenter Anwendung des Vorgehens in den grundlegenden Ausführungen von Abschnitt 6.5.1 die Lagrange-Funktion

$$\Phi(\epsilon_1, \epsilon_2, \lambda) = J(\epsilon_1, \epsilon_2) + \lambda\, N(\epsilon_1, \epsilon_2) \tag{6.5–20}$$

partiell nach den Parametern ϵ_1 und ϵ_2 zu differenzieren. Die Differentiation unter dem Integralzeichen und die nachfolgende Umformung durch die Partialintegration liefert Ausdrücke, die wieder durch Variationsableitungen ausgedrückt werden können. Hierbei stimmen die Gleichungen, welche sich durch das Nullsetzen der partiellen Ableitungen nach ϵ_1 und ϵ_2 für $\epsilon_1 = \epsilon_2 = 0$ ergeben, überein, und man erhält als Euler-Lagrangesche Differentialgleichungen

$$[F(t, [y(t)], [\dot{y}(t)])]_{[y]} + \lambda [G(t, [y(t)], [\dot{y}(t)])]_{[y]} = 0 . \qquad (6.5\text{–}21)$$

Im Gegensatz zu (6.5–14) ist hier λ als Konstante anzusetzen, da, wie auch aus (6.5–20) folgt, wo auch alle übrigen Größen Φ, J und N keine Funktionen von t sind, und daher λ bezüglich t eine Konstante sein muß. Hervorzuheben ist auch, daß die Größe a in der notwendigen Bedingung (6.5–21) nicht auftritt. Sie geht allerdings wesentlich bei der zahlenmäßigen Ermittlung von λ auf indirektem Wege ein. Erweiterungen auf mehrere Integralnebenbedingungen erfordern mehrere konstante Lagrangefaktoren λ_i. Auch die Hinzunahme höherer Ableitungen $[\dot{y}(t)], [\ddot{y}(t)], \ldots$ bereitet keine Schwierigkeiten, wenn man (6.5–8) für die Variationsableitungen einsetzt.

6.6. Gradientenverfahren [38]

Alle Gradientenverfahren nutzen die Eigenschaft des Gradienten einer Funktion aus, in die Richtung des steilsten Anstieges bzw. bei Umkehrung des Vorzeichens in die Richtung des steilsten Abstiegs der Funktion zu zeigen. Basis dieser Methoden ist die Differentialrechnung. Man muß darum voraussetzen, daß das Extremum existiert und eindeutig ist. Im folgenden sollen diese Voraussetzungen erfüllt sein.
Es soll eine konvexe Funktion

$$F([x]), [x] = (x_1 ; x_2 ; \ldots x_N) \qquad (6.6\text{–}1)$$

zum Minimum gemacht werden. Der Gradient dieser Funktion ist definiert als geometrische Summe ihrer partiellen Ableitungen

$$[\text{grad } F] = (F_{x_1} ; F_{x_2} ; \ldots F_{x_N}) = [\nabla F] = [F_x]. \qquad (6.6\text{–}2)$$

Die Kurve des steilsten Abstiegs ergibt sich als Grenzwert $\Delta t \to 0$ aus der Differenzengleichung (Bild 6.6–1)

$$\lim_{\Delta t \to 0} ([\Delta x] - \Delta t [F_x]) = 0 . \qquad (6.6\text{–}3)$$

Das hieraus resultierende partielle Differentialgleichungssystem

$$[x'] - [F_x] = 0 \tag{6.6–4}$$

liefert als Lösung die geodätischen Linien der Funktion. In der Praxis ist die Integration von (6.6–4) meist sehr aufwendig, darum geht man besser auf

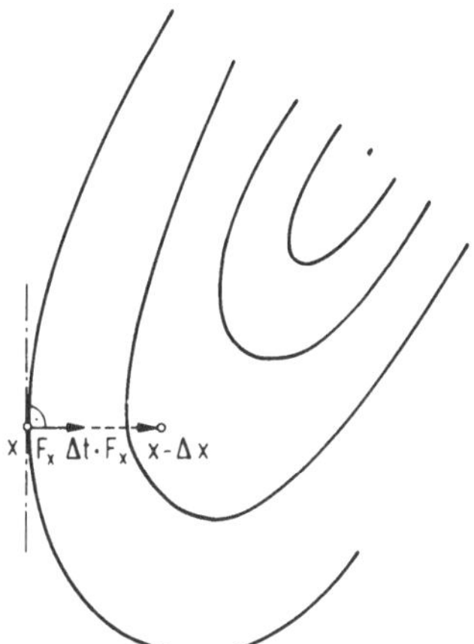

Abb. 6.6–1: Zur Ableitung der Differentialgleichung der geodätischen Linie.

Verfahren mit endlichen Schrittweiten über, d.h. man führt den Grenzübergang (6.6–3) nicht durch. Man verändert dafür [x] in Richtung des Gradienten in einem endlichen Schritt noch zu bestimmender Länge

$$\alpha\,[F_x] = [\Delta x]\,. \tag{6.6–5}$$

Die Iteration läuft über folgende Schritte ab: Zunächst wird [x] um [Δx] verändert

$$[x]_{\nu+1} = [x]_\nu + \alpha\,[F_x]\,, \tag{6.6–6}$$

dann ist α so zu bestimmen, daß

$$F([x]_\nu + \alpha\,[F_x]) = \mathrm{Min} \tag{6.6–7}$$

in Richtung des Gradienten, also als Funktion von α minimal wird (Bild 6.6–2). Es ist also die Ableitung

$$\frac{d}{d\alpha}(F([x]_\nu + \alpha\,[F_x])) = 0 \tag{6.6–8}$$

zum Verschwinden zu bringen. Der aus (6.6–8) gefundene optimale Faktor

α^* ist dann in (6.6–6) einzusetzen. Damit ist das Rekursionsverfahren geschlossen. Die Iteration ist abgeschlossen, wenn der Gradient hinreichend klein geworden ist. Die Differentiation nach α ist normalerweise analytisch

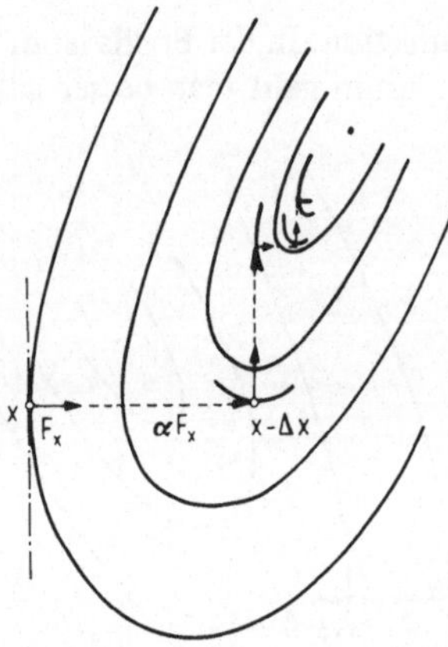

Abb. 6.6–2: Zur Ermittlung der optimalen Schrittlänge beim Verfahren des steilsten Abstiegs

schwer durchzuführen. Hier kann man sich entweder durch eine rekursive quadratische Interpolation behelfen, oder man entwickelt die Funktion (6.6–7) in eine Taylorreihe und bricht diese nach dem dritten Glied ab. Man erhält dann

$$F([x] + \alpha[F_x]) = F([x]) + [F_x]_t [F_x] \alpha + \frac{1}{2} [F_x]_t [F_{xx}] [F_x] \alpha^2 . \tag{6.6–9}$$

Diese quadratische Funktion in α wird nun ersatzweise minimiert

$$[F_x]_t [F_x] + [F_x]_t [F_{xx}] [F_x] \alpha = 0. \tag{6.6–10}$$

Hieraus ergibt sich α^* zu

$$\alpha^* - - \frac{[F_x]_t [F_x]}{[F_x]_t [F_{xx}] [F_x]} . \tag{6.6–11}$$

Bei der Iteration zur Bestimmung von Δt^* ist zu beachten, daß $[F_x]$ im Zähler von (6.6–11) und $[F_{xx}]$ im Nenner bei allen Schritten entsprechend der Ursprungsrichtung des Gradienten in $[x]_\nu$ festzuhalten sind, während $[F_x]_t$ im Zähler und $[F_x]_t$ und $[F_x]$ im Nenner für jeden Schritt an der jeweils neu berechneten Stelle von α zu nehmen sind. Dies ist sehr vorteilhaft, weil dadurch die Matrix $[F_{xx}]$ nur einmal für jeden Gradienten zu berechnen ist.

Wenn (6.6–1) noch Nebenbedingungen unterworfen ist von der Form

$$[g([x])= 0 \qquad (6.6\text{–}12)$$

mit

$$[g([x])] = \begin{bmatrix} g_1([x]) \\ g_2([x]) \\ \vdots \\ g_M([x]) \end{bmatrix} ,$$

so kann man diese, wie im Abschn. 6.1.3 beschrieben, mit Hilfe von zunächst unbestimmten Lagrange-Multiplikatoren mit der Funktion (6.6–1) verbinden und die so gewonnene Ersatzfunktion

$$G([x]) = F([x]) + \sum^{M} \lambda[g([x])] \qquad (6.6\text{–}13)$$

zum Minimum machen. Der Gradient von (6.6–13) ist

$$[G_x] = [F_x] + \sum^{M} \lambda[g_x], \qquad (6.6\text{–}14)$$

$$[G_\lambda] = [g([x])]. \qquad (6.6\text{–}15)$$

In der Praxis hat es sich herausgestellt, daß es häufig zweckmäßig ist, noch zusätzlich einen Konvergenzfaktor ω einzuführen, der empirisch zu ermitteln ist und meistens etwa zwischen 0,5 und 1,0 liegt. Die Iterationsformel lautet dann

$$[x]_{\nu+1} = [x]_\nu + \omega\alpha^*[G_x] , \qquad (6.6\text{–}16)$$

Häufig hat man Nebenbedingungen der Form

$$g([x]) = \sum_{i}^{N} x_i - A = 0 \qquad (6.6\text{–}17)$$

zu berücksichtigen. In diesem Fall kann man eine Startfunktion für die Iteration wählen, welche (6.6–17) bereits erfüllt. Es ist dann sehr leicht, den Gradienten so zu transformieren, daß durch ein Fortschreiten in Gradientenrichtung (6.6–17) immer erfüllt bleibt. Der Gradient entsprechend (6.6–14) und (6.6–15) lautet dann

$$[G_x] = [F_x] + \lambda \qquad (6.6\text{–}18)$$

$$G_\lambda = \sum_{i}^{N} x_i - A . \qquad (6.6\text{–}19)$$

Damit wird

$$\alpha([F_x] + \lambda) = [\Delta x] . \qquad (6.6–20)$$

Aufgrund der Forderung nach Unverletzbarkeit von (6.6–17) folgt aus (6.8–20)

$$\alpha \sum_{i=1}^{N} (F_{x_i} + \lambda) = \sum_{i=1}^{N} \Delta x_i = 0 , \qquad (6.6–21)$$

oder

$$\lambda = -\frac{1}{N} \sum_{i=1}^{N} F_{x_i} . \qquad (6.6–22)$$

Der transformierte Gradient $[G_x]$ wird damit

$$[\overline{G}_x] = [F_x] - \frac{1}{N} \sum_{i=1}^{N} F_{x_i} . \qquad (6.6–23)$$

6.7. Dynamic Programming [6]

Mit Hilfe des „Dynamic Programming" (dynamische Planungsrechnung) kann man eine bestimmte Klasse von Extremierungsaufgaben in mehrstufige Entscheidungsprozesse umformen und lösen. Wenn man die allgemeine Minimierungsaufgabe

$$\text{Min}\, F([x]; [y]) , \qquad [x] = (x_1 ; \ldots x_N), \quad [y] = (y_1 ; \ldots y_N) \qquad (6.7–1)$$

durch einen solchen Prozeß lösen will, so muß er so entwickelt werden können, daß die Entscheidungen im Sinn von Markoff voneinander unabhängig sind. Diese Forderung ist wie folgt definiert: „Von den nach einer beliebigen Anzahl von Entscheidungen, sagen wir k, verbleibenden N-k Stufen des Entscheidungsprozesses verlangen wir, daß ihr Einfluß auf den Gesamtertrag nur noch vom Zustand des Systems nach der k-ten sowie den darauf folgenden Entscheidungen abhängt."

Aus dieser sog. Markoffschen Voraussetzung folgt folgendes Optimalitätsprinzip: „Eine optimale Entscheidungspolitik hat die Eigenschaft, daß, ungeachtet des Anfangszustandes und der ersten Entscheidung, die verbleibenden Entscheidungen eine optimale Entscheidungspolitik hinsichtlich des aus der ersten Entscheidung resultierenden Zustandes darstellen."

Ein Beispiel für die Funktion, welche dieser Eigenschaft genügt, ist

$$F(x_1; \dots x_N; y_1; \dots y_N) = \sum_{i=1}^{N} g(x_i; y_i)\,. \tag{6.7–2}$$

Diese Form besitzen die meisten technischen und wirtschaftlichen Regelungsprozesse.

Für die weiteren Entwicklungen setzen wir voraus, daß für jedes x_i in y_i ein absolutes Minimum existiert, so daß

$$x_{i+1} = G(x; y_i)\,, \qquad i = 1; 2; \dots N-1\,, \tag{6.7–3}$$

einen neuen Anfangszustand für die i+1-te Entscheidung darstellt. Dieser Voraussetzung liegt folgender Gedanke zugrunde: „Das Problem soll nicht als eine isolierte Aufgabe mit festen x_1 und N zu betrachten sein, sondern es soll in eine Schar von Minimierungsaufgaben eingebettet sein. Hierbei stellt x_1 den Anfangszustand dar, und N ist die Anzahl der Stufen des Entscheidungsprozesses." Für x_1 wird ein Wertevorrat festgesetzt und N durchläuft nacheinander die Werte 1, 2, ... N. Hierauf kann man eine Folge von Funktionen erzeugen definiert durch

$$f_N(x_1) = \min_{y_i}\,[g(x_1; y_1) + \dots + g(x_N; y_N)]\,. \tag{6.7–4}$$

Für N = 1 ist die Aufgabe leicht lösbar, denn es ist

$$f_1(x_1) = \min_{y_1}\, g(x_1; y_1)\,. \tag{6.7–5}$$

Aufgrund der Markoffschen Bedingung läßt sich (6.7–4) in der Form

$$f_N(x_1) = \min_{y_1} \dots \min_{y_N}[g(x_1; y_1) + \dots + g(x_N; y_N)]), \; N = 1; 2; \dots, \tag{6.7–6}$$

schreiben, also als eine Folge von Minimierungsaufgaben. (6.7–6) ist aber wiederum aufgrund der Folgeeigenschaft beliebig separabel:

$$f_N(x_1) = \min_{y_1}\,[g(x_1; y_1) + \min_{y_2} \dots \min_{y_N}(g(x_2 y_2) + \dots g(x_N; y_N))], \tag{6.7–7}$$

darin ist der zweite Term

$$\min_{y_2} \dots \min_{y_N}(g(x_2; y_2) \dots g(x_N; y_N)), \; N > 2\,, \tag{6.7–8}$$

das Ergebnis aus einem N-1-stufigen Entscheidungsprozeß mit dem Anfangszustand x_2. Man kann also für (6.7–8) schreiben

$$f_{N-1}(x_2) = \underset{y_2}{\mathrm{Min}} \ldots \underset{y_N}{\mathrm{Min}} \left(g(x_2; y_2) + \ldots + g(x_N; y_N)\right). \qquad (6.7–9)$$

Wenn man (6.7–9) in (6.7–7) einsetzt, erhält man

$$f_N(x_1) = \underset{y_1}{\mathrm{Min}} \left(g(x_1; y_1) + f_{N-1}(x_2)\right), \qquad (6.7–10)$$

oder, wenn man allgemein

$$x_{i+1} = G(x_i; y_i)$$

setzt, erhält man die Bellmansche Rekursionsformel der dynamischen Programmierung:

$$f_N(x_1) = \mathrm{Min}\left[(g(x_1; y_1) + f_{N-1}(G(x_1; y_1))\right] \qquad (6.7–11)$$

mit $f_0 \equiv 0$.

6.8. Matrizen

6.8.1. Die Dreiecksfaktorisierung von Banachiewicz und das direkte Auflösen linearer Gleichungssysteme

Quadratische nichtsinguläre Matrizen [A], für die also gilt det[A] = 0, lassen sich in das Produkt zweier Dreiecksfaktoren zerlegen. Hierzu sind gelegentlich Zeilen- und Spaltenvertauschungen erforderlich *. Wir nehmen an, diese Zeilen- und Spaltenvertauschungen seien durchgeführt, dann ist die Zerlegung eindeutig, d.h. es läßt sich dann eine untere Dreiecksmatrix [B] mit Einsen in der Hauptdiagonale und eine obere Dreiecksmatrix [C] finden, für die dann gilt

---

* Darüber hinaus können in spärlichen (schwachbesetzten) Matrizen Zeilen- und Spaltenvertauschungen eine erhebliche Reduktion an Speicherplatz und Rechenzeit bewirken, wenn diese topologisch in geeigneter Weise gesteuert werden. In topologisch symmetrischen Matrizen führt die folgende einfache Regel bereits zum Erfolg: Es wird in jedem Eliminationsschritt diejenige Unbekannte eliminiert, deren Gleichung gleicher Nummer die geringste Anzahl von Null verschiedener Elemente aufweist [87a] (geordnete Elimination).

$$\overset{\downarrow}{[B]} \cdot \overset{\downarrow}{[C]} = [A]\,. \quad * \tag{6.8–1}$$

Bildet man eine Matrix

$$[F] = [B] - [1] + [C]\,, \tag{6.8–2}$$

so erhält die Matrix [F] alle wesentlichen Elemente von [B] und [C]. Wird nämlich von [B] die Einheitsmatrix [1] abgezogen, so enthält [B] gerade soviele Nullen und auch an der richtigen Stelle, daß bei der Addition von [C] die in der Regel nicht verschwindenden Elemente zu den Nullelementen addiert werden. Bei der Berechnung von [B] und [C] ist es zweckmäßig, die unbekannten Elemente in die so konstruierte [F]-Matrix einzuschreiben. Um ein Element f_{ik} der Matrix [F] zu berechnen genügt es, daß alle Elemente $f_{i\nu}$ der i-ten Zeile mit $\nu < i$ schon bekannt sind, alle Elemente $f_{\nu k}$ der k-ten Spalte mit $\nu < k$ schon bekannt sind und der Ansatz

$$a_{ik} = \sum_{\nu=1}^{\mathrm{Min}(i,k)} b_{i\nu}\, c_{\nu k} \tag{6.8–3}$$

gemacht wird. Dann enthält (6.8–3) nur eine Unbekannte, die für $i > k$ das Element b_{ik} und für $i = k$ das Element c_{ik} ist ($b_{ii} = 1$ ist laut Definition schon bekannt). Für die Reihenfolge der Berechnung gibt es daher verschiedene Möglichkeiten, z.B. zeilenweise von links nach rechts, spaltenweise von oben nach unten oder auch erste Zeile, erste Spalte, zweite Zeile, zweite Spalte usw. (jeweils die noch unbekannten Elemente).

Interessant ist in diesem Zusammenhang auch die sog. Hauptabschnittseigenschaft. Hauptabschnitte einer quadratischen Matrix sind diejenigen quadratischen Untermatrizen, die aus dem ersten Hauptdiagonalelement dadurch hervorgehen, daß die zweite Zeile und Spalte jeweils nur bis zum Hauptdiagonalelement hinzugenommen wird. In der folgenden Matrix [A] sind die Hauptabschnitte durch Linien abgeteilt:

$$[A] = \left(\begin{array}{c:c:c:c} a_{11} & a_{12} & a_{13} & a_{14} \\ \hdashline a_{21} & a_{22} & a_{23} & a_{24} \\ \hdashline a_{31} & a_{32} & a_{33} & a_{34} \\ \hdashline a_{41} & a_{42} & a_{43} & a_{44} \end{array}\right)\,. \tag{6.8–4}$$

Die Hauptabschnittseigenschaft für die Matrix F besagt folgendes: Die Elemente eines i-ten Hauptabschnitts $f_{\mu\nu}$ für $\mu \leqq i$ sind nur Funktionen des entsprechenden i-ten Hauptabschnitts $a_{\mu\nu}$ für $\mu \leqq i$, $\nu \leqq i$. Werden also Ele-

* Die übergesetzten Pfeile sollen andeuten, welche Matrizen zu berechnen sind.

mente außerhalb eines Hauptabschnitts abgeändert, so ändern sich die Elemente im Hauptabschnitt nicht.

Wichtigstes Anwendungsgebiet der Dreiecksfaktorisierung ist die Auflösung von Gleichungssystemen. Gegeben sei das System

$$[A]\,[x] = [b]\,. \qquad (6.8\text{–}5)$$

Mit den Dreiecksfaktoren erhält man

$$[B]\,[C]\,[x] = [b]\,. \qquad (6.8\text{–}6)$$

Setzt man

$$[C]\,[x] = [z]\,, \qquad (6.8\text{–}7)$$

so kann man durch Vorwärtssubstitution aus

$$[B]\,[\overset{\downarrow}{z}] = [b] \qquad (6.8\text{–}8)$$

[z] ermitteln. Indem man aus der ersten Gleichung z_1 direkt erhält und aus der zweiten Gleichung, da z_1 schon bekannt ist, z_2 ermittelt usw. Ebenso verfährt man, um anschließend durch Rückwärtssubstitution aus

$$[C]\,[\overset{\downarrow}{x}] = [z] \qquad (6.8\text{–}7^*)$$

[x] zu ermitteln. Indem man aus der letzten Gleichung x_n direkt erhält und aus der vorletzten Gleichung, da x_n schon bekannt ist, x_{n-1} ermittelt usw.

Sowohl die Dreiecksfaktorisierung als auch die Vorwärts- und Rückwärtssubstitution wandeln die Aufgabe der Auflösung eines Gleichungssystems mit mehreren Unbekannten in die einfachere Aufgabe um, viele Gleichungen mit jeweils nur einer Unbekannten aufzulösen.

6.8.2. Die Eigenwerte hermitescher Matrizen; hermitesche Formen

Eine Matrix [A], welche die Bedingung

$$[A]_t^* = [A] \qquad (6.8\text{–}9)$$

erfüllt, heißt hermitesch. Für die einzelnen Elemente gilt dann

$$a_{ki}^* = a_{ik}\,, \quad a_{ii} = \text{reell}\,. \qquad (6.8\text{–}10)$$

Die Eigenwerte λ_i einer quadratischen Matrix [A] n-ter Ordnung sind definiert durch

$$[A]\,[x_i] = \lambda_i [x_i] \qquad (6.8\text{–}11)$$

oder

$$([A] - \lambda_i [1])\,[x_i] = [0]\,. \qquad (6.8\text{–}12)$$

Die sog. Eigenvektoren $[x_i]$ sind die nichttrivialen Lösungen des Gleichungssystems. Hierzu ist erforderlich, daß die Determinante verschwindet, also

$$\det([A] - \lambda[1]) = (-1)^n(\lambda^n + a_{n-1}\,\lambda^{n-1} + \ldots + a_1\lambda + a_0) = 0\,. \qquad (6.8\text{–}13)$$

Für eine Matrix [A] der Ordnung n ergibt sich ein Polynom n-ten Grades, das maximal n verschiedene Wurzeln λ_i haben kann. Die Wurzeln λ_i heißen Eigenwerte. Zur Berechnung der Eigenvektoren müssen also die Eigenwerte zuvor bekannt sein. Nach dem Satz von Vieta ist

$$a_{n-1} = -\sum_{\nu=1}^{n} \lambda_\nu\,,$$

$$a_{n-2} = \sum_{\nu \neq \mu} \lambda_\nu \lambda_\mu\,,$$

$$\vdots$$

$$a_0 = (-1)^n \prod_{\nu=1}^{n} \lambda_\nu = (-1)^n \lambda_1 \lambda_2 \ldots \lambda_n$$

$$= (-1)^n \det[A]\,. \qquad (6.8\text{–}14)$$

Die Determinante einer Matrix [A] ist also gleich dem Produkt ihrer Eigenwerte.

Für hermitesche Matrizen [A] liefern die Eigenwerte automatisch eine Darstellung einer hermiteschen Form durch eine Summe von Quadraten. Eine hermitesche Form mit der Matrix [A] und dem Vektor $[x] = \begin{bmatrix} x_1 \\ x_n \end{bmatrix}$ lautet

$$H = [x]_t^* \,[A]\,[x] = a_{11}\,|x_1|^2 + a_{12} x_1^* x_2 + \ldots + a_{21} x_2^* x_1 +$$

$$+ a_{22}\,|x_2|^2 + \ldots a_{nn}\,|x_n|^2\,, \qquad (6.8\text{–}15)$$

Sie kann nur reelle Werte annehmen, denn durch Transposition und

Konjugation ändert sich der Wert H nicht. Die Transposition ist, auf einen Skalar H angewandt, ohnehin ohne Einfluß. Wir erhalten also

$$H^* = [x]_t^* [A]_t^* [x] = [x]_t^* [A] [x] = H . \tag{6.8–16}$$

Damit muß also H reell sein, auch wenn [x] komplex ist. Aus der Eigenwertgleichung (6.8–11) erhält man durch Linksmultiplikation mit $[x_i]_t^*$

$$[x_i]_t^* [A] [x_i] = \lambda_i [x_i]_t^* [x_i] = \lambda_i \sum_{\nu=1}^{n} | x_\nu^{(i)} |^2 , \tag{6.8–17}$$

woraus folgt, daß die λ_i nur reell sein können. Im Falle verschiedener Eigenwerte $\lambda_i = \lambda_k$ (i = k) sind die Eigenvektoren $[x_i]$ und $[x_k]$ zueinander orthogonal, denn es gilt

$$[A] [x_i] = \lambda_i [x_i] , \tag{6.8–18}$$

$$[A]^* [x_k]^* = \lambda_k^* [x_k]^* = \lambda_k [x_k]^* , \tag{6.8–19}$$

Multipliziert man (6.8–18) mit $[x_k]_t$ und (6.8–19) mit $[x_i]_t$, so verschwindet die Differenz der so erhaltenen Gleichungen, da die beiden linken Seiten übereinstimmen. Es ergibt sich dann

$$(\lambda_i - \lambda_k) [x_k]_t^* x_i = (\lambda_i - \lambda_k) [x_i]_t^* [x_k] = 0 , \tag{6.8–20}$$

woraus folgt, daß $[x_i]$ und $[x_k]$ zueinander orthogonal sind, d.h.

$$[x_i]_t^* [x_k] = 0 \quad \text{für} \quad i \neq k \tag{6.8–21}$$

Aus den Gleichungen für die Eigenvektoren sind die $[x_i]$ nur bis auf eine multiplikative willkürliche Konstante bestimmt. Man kann sie also noch einer Normierungsbedingung unterwerfen gemäß

$$[x_i)_t^* [x_i] = [1] . \tag{6.8–22}$$

Aus den so erzeugten Spaltenvektoren $[x_i]$ läßt sich eine unitäre Matrix

$$[X] = ([x_1], [x_2], \dots [x_n]) \tag{6.8–23}$$

mit der Eigenschaft

$$[X]_t^* [X] = [1], \quad [X]^{-1} = [X]_t^* \tag{6.8–24}$$

aufbauen. Die Gesamtheit der Eigenwertgleichungen (6.8–11) für i = 1, . . .

n läßt sich unter den Orthogonalisierungs- und Normierungsbedingungen für die Eigenvektoren in einer einzigen Gleichung zusammenfassen. Es ist nämlich

$$[A]\,[X] = [X] \begin{pmatrix} \lambda_1 & 0 \dots & 0 \\ 0 & \lambda_2 \dots & 0 \\ \vdots & \ddots & \vdots \\ 0 & 0 \cdots & \lambda_n \end{pmatrix} = [X] \cdot [\Lambda], \quad (6.8\text{–}25)$$

woraus folgt

$$[X]^{-1}\,[A]\,X = [X]_t^*[A]\,[X] = [\Lambda] \quad (6.8\text{–}26)$$

und

$$[A] = [X]\,[\Lambda]\,[X]_t^* . \quad (6.8\text{–}27)$$

Die hermitesche Form (6.8–15) kann mit Hilfe der Eigenwerte jetzt folgendermaßen dargestellt werden:

$$H = [x]_t^*\,[A]\,[x] = [x]_t^*[X]\,[\Lambda]\,[X]_t^*\,[x] = [y]_t^*[\Lambda]\,[y] = \sum_{i=1}^{n} \lambda_i |y_i|^2, \quad (6.8\text{–}28)$$

mit $[y] = [X]_t^*[x]$ und $[x] = [X][y]$. Hierbei ist dann und nur dann $[y] = [0]$, wenn auch $[x] = [0]$ ist. Für einen Vektor $[x] \neq [0]$ ist H dann und nur dann positiv (negativ) wenn sämtliche Eigenwerte λ_i positiv (negativ) sind.

Für eine hermitesche Matrix [A] werden folgende Fälle unterschieden:

[A] heißt positiv-definit, wenn alle $\lambda_i > 0$ und damit $[x]_t^*\,[A]\,[x] > 0$ für $[x] \neq [0]$.
[A] heißt positiv-semidefinit, wenn alle $\lambda_i \geqq 0$ und damit $[x]_t^*[A]\,[x] \geqq 0$.
[A] heißt negativ-definit, wenn alle $\lambda_i < 0$ und damit $[x]_t^*[A]\,[x] < 0$ für $[x] \neq [0]$.
[A] heißt negativ-semidefinit, wenn alle $\lambda_i \leqq 0$ und damit $[x]_t^*\,[A][x] \leqq 0$.
[A] heißt indefinit, wenn Min $(\lambda_i) < 0$ und Max $(\lambda_i) > 0$. In diesem Fall kann $[x]_t^*[A]\,[x]$ alle reellen Werte annehmen.

Besonderes Interesse verdienen nur die definiten Fälle. Hierbei kann man sich auf die positiv-definiten (-semidefiniten) Fälle beschränken, da [A] dann und nur dann negativ-definit (-semidefinit) ist, wenn –[A] positiv-definit (-semidefinit) ist.

Um die Definitheit einer hermiteschen Matrix [A] entscheiden zu können, ist es allerdings nicht erforderlich, die Eigenwerte zu berechnen. Dies kann auf rechnerisch einfachere Weise entschieden werden, und zwar durch die Dreiecksfaktorisierung. Zerlegt man gemäß (6.8–1) [A] in die beiden Dreiecksfaktoren [B] und [C] und sind alle $c_{ii} > 0$, so ist [A] positiv-definit. Erhält man ggf. unter kombinierter Zeilen- und Spaltenvertauschung eine bestimmte Anzahl $c_{ii} > 0$ $(i = 1, \ldots r)$ und weitere $c_{ii} = 0$ $(i = r + 1, \ldots n)$, so ist [A] positiv-semidefinit. Da [A] hermitesch ist, gilt außerdem auch

$$[B] = [C]_t^* [D]^{-1} \quad \text{und} \quad [C] = [D] [B]_t^* \tag{6.8–29}$$

mit

$$[D] = \begin{bmatrix} c_{11} & & 0 \\ & c_{22} & \\ 0 & & c_{nn} \end{bmatrix} \tag{6.8–30}$$

Hiermit läßt sich nun zeigen, daß aus der Positiv-Definitheit von [A] auch die Positivität aller c_{ii} folgt. Bildet man nämlich die hermitesche Form

$$[x]_t^* [A] [x] = [x]_t^* [B] [D] [B]_t^* [x] \tag{6.8–31}$$

und setzt man mit det $[B] \neq 0$

$$[B]_t^* [x] = [w], \quad [x] = [B]_t^{*-1} [w], \tag{6.8–32}$$

so ergibt sich

$$H = [x]_t^* [A] [x] = [w]_t^* [D] [w] = \sum_{\nu=1}^{n} c_{\nu\nu} \, |w_\nu|^2, \tag{6.8–33}$$

eine Darstellung durch eine Summe von Quadraten mit den Koeffizienten $c_{\nu\nu}$. H ist aber dann und nur dann für alle Vektoren $[x] \neq [0]$ und damit auch für alle $[w] \neq 0$ positiv, wenn alle $c_{\nu\nu} > 0$ $(\nu = 1, \ldots n)$ sind. Im Falle der Positiv-Semidefinitheit lautet die Bedingung $c_{\nu\nu} > 0$ für $\nu = 1, \ldots r$ und $c_{\nu\nu} = 0$ für $r+1, \ldots n$ (ggf. unter Zeilen- und Spaltenvertauschungen). Zur Nachprüfung der Definitheit müssen wenigstens alle $c_{\nu\nu}$ berechnet werden. Es gelten somit die Sätze: a) „Notwendig und hinreichend dafür, daß eine hermitesche Matrix positiv-definit ist, ist die Positivität aller Hauptdiagonalelemente $c_{\nu\nu}$ der Matrix [C] der Dreiecksfaktorisierung [A] = [B] [C]."
b) „Notwendig und hinreichend dafür, daß eine hermitesche Matrix positiv-semidefinit ist, ist die Positivität der Hauptdiagonalelemente $c_{\nu\nu}$ für $\nu = 1, \ldots r$ und das Verschwinden der übrigen Hauptdiagonalelemente der Matrix [C] der Dreiecksfaktorisierung [A] = [B] [C]. Hierzu sind ggf. kombinierte Zeilen- und Spaltenvertauschungen notwendig."

Betrachten wir hierzu die Hauptabschnittsdeterminanten von [A]

$$\det [A^{(1)}] = a_{11}$$

$$\det[A^{(2)}] = \begin{vmatrix} a_{11} & a_{12} \\ a_{21} & a_{22} \end{vmatrix} ,$$

$$\det[A^{(3)}] = \begin{vmatrix} a_{11} & a_{12} & a_{13} \\ a_{21} & a_{22} & a_{23} \\ a_{31} & a_{32} & a_{33} \end{vmatrix} . \qquad (6.8\text{–}34)$$

Wegen der Hauptabschnittseigenschaft der Dreiecksfaktorisierung gilt für die Hauptabschnittsdeterminanten bei Anwendung des Determinanten-Multiplikationssatzes,* auf die entsprechenden Dreiecksfaktoren angewendet,

$$\det[A^{(n)}] = \det[A] = \det[B]\det[C] = \prod_{\nu=1}^{n} c_{\nu\nu} , \qquad (6.8\text{–}35)$$

$$\det[A^{(i)}] = \det[B^{(i)}]\det[C^{(i)}] = 1\det[C^{(i)}] = \prod_{\nu=1}^{i} c_{\nu\nu}, \qquad (6.8\text{–}36)$$

Hieraus folgen die Sätze: c) „Notwendig und hinreichend dafür, daß eine hermitesche Matrix positiv-definit ist, ist die Positivität aller Hauptabschnittsdeterminanten det $[A^{(i)}]$." d) „Notwendig und hinreichend dafür, daß eine hermitesche Matrix positiv-semidefinit ist, ist die Positivität der Hauptabschnittsdeterminante bis zu einer bestimmten Ordnung $r < n$ und das Verschwinden aller übrigen. Hierzu sind ggf. kombinierte Zeilen- und Spaltenvertauschungen notwendig (r = Rang $[A]$)."

Unter der Voraussetzung, daß für alle $i = 1, \ldots n$ $c_i \geqq 0$ gilt, existiert die reelle (nicht-negative) Diagonalmatrix

$$[D]^{\frac{1}{2}} = \begin{bmatrix} +\sqrt{c_{11}} & & & \bigcirc \\ & +\sqrt{c_{22}} & & \\ & & \ddots & \\ \bigcirc & & & +\sqrt{c_{nn}} \end{bmatrix} \qquad (6.8\text{–}37)$$

Setzt man

$$[G] = [D]^{-\frac{1}{2}}[C] = ([D]^{\frac{1}{2}})^{-1}[C] \qquad (6.8\text{–}38)$$

---

*Der Determinanten-Multiplikationssatz für quadratische Matrizen $[A]$, $[B]$ gleicher Ordnung lautet: $\det([A]\,[B]) = \det[A]\det[B]$.

$$= [D]^{\frac{1}{2}} [B]_t^* , \qquad (6.8\text{–}39)$$

so erhält man die Cholesky-Zerlegung

$$[\overset{\downarrow}{G}]_t^* [\overset{\downarrow}{G}] = [A] . \qquad (6.8\text{–}40)$$

Für die einzelnen Elemente von [G] ergeben sich

$$g_{ii} = + \sqrt{a_{ii} - \sum_{\nu=1}^{i-1} \left| g_{\nu i} \right|^2} = d_{ii} = c_{ii}, \qquad i = 1, \dots n ,$$

$$g_{ij} = \frac{1}{g_{ii}} (a_{ij} - \sum_{\nu=1}^{i-1} g_{\nu i}^* g_{\nu j}) , \qquad \begin{matrix} i = 1, \dots n , \\ j = i + 1, \dots n . \end{matrix}$$

$$(6.8\text{–}41)$$

Die Undurchführbarkeit des hermiteschen Cholesky-Algorithmus für indefinite komplexe Matrizen hat ihren Grund darin, daß die Gleichung $g_{ii}^* g_{ii} = a_{ii} - \sum_{\nu=1}^{i=1} |g_{\nu i}|^2 = \gamma$ für $\gamma < 0$ auch im Körper der komplexen Zahlen nicht aufgelöst werden kann. Negativdefinite (-semidefinite) Matrizen [A] kann man dadurch behandeln, daß man –[A] faktorisiert. Liegt nur Symmetrie vor, d.h. gilt $[A]_t = [A]$, so entfallen in den Gleichungen alle Konjugationszeichen, und die Gleichung $g_{ii}^2 = \gamma$ ist dann sogar für komplexe γ lösbar.

Literaturverzeichnis

Bücher

1 Abadie, J. (Hrsg.): Nonlinear Programming. Amsterdam: (North-Holland) 1967.
2 Abadie, J. (Hrsg.): Integer and Nonlinear Programming. Amsterdam: (North-Holland) 1970.
3 Aris, R.: Discrete Dynamic Programming. New York: Blaisdell 1964.
4 Arrow, K.J.; Hurwicz, L.; Uzawa, H.: Studies in Linear and Nonlinear Programming. Stanford Univ. Press, Stanford.
5 Baule, B.: Die Mathematik des Naturforschers und Ingenieurs, Bd. 5: Variationsrechnung. 7. Aufl. Stuttgart: Hirzel 1968.
6 Bellman, R.: Dynamic Programming. Princeton: Princeton Univ. Press 1957.
7 Bellman, R.; Dreyfus, S.E.: Applied Dynamic Programming. Princeton: 1962.
8 Bellman, R. (Hrsg.): Mathematical Optimization Techniques. Berkeley: Berkeley Univ. Press 1963.
9 Bellman, R.: Dynamische Programmierung und selbstanpassende Regelprozesse. München: Oldenbourg 1967.
10 Billinton, R.: Power System Reliability. New York: Gordon and Breach 1970.
11 Bolza, O.: Vorlesungen über Variationsrechnung. (Neudrucke 1933 und 1949). Leipzig: Teubner, 1909.
12 Buchhold, Th.; Happoldt, H.: Elektrische Kraftwerke und Netze. 4. Aufl. Berlin, Göttingen, Heidelberg: Springer 1963.
13 Churchman, C.W.; Ackoff, R.L.; Arnoff, E.L.: Operations Research. 4. Aufl. München: Oldenbourg 1968.
14 Collatz, L.: Funktionalanalysis und numerische Mathematik Berlin: Springer 1964.
15 Collatz, L.; Wetterling, W.: Optimierungsaufgaben. Berlin, Heidelberg, New York: Springer 1966.
16 Dennis, J.B.: Mathematical Programming and Electrical Networks. M.I.T. Research Monograph Nr. 3. M.I.T. Press, Cambridge, Mass. 1959.
17 Dreyfus, S.E.: Dynamic Programming and the Calculus of Variations. New York: Academic Press 1965.
18 Duffin, R.J.; Peterson, E.L.; Zener, C.: Geometric Programming, Theory and Application. New York: Wiley 1967.
19 Duschek, A.: Vorlesungen über höhere Mathematik. Bd. 1–4. Wien: Springer 1960–1965.
20 Edelmann, H.: Berechnung elektrischer Verbundnetze. Mathematische Grundlagen und technische Anwendungen. Berlin, Göttingen, Heidelberg: Springer 1963.
21 Elgerd, O.I.: Electric Energy Systems Theory: An Introduction. New York: McGraw-Hill 1971.
22 Faddejew, D.K.; Faddejewa, W.N.: Numerische Methoden der linearen Algebra. München: Oldenbourg, 1964.
23 Fan, L.-T.; Wang, Ch.-S.: Das diskrete Maximum-Prinzip. Studie zur Optimierung mehrstufiger Prozesse. München: Oldenbourg 1968.
24 Fletcher, R.: Optimization. New York: Academic Press 1969.

25 Forsythe, G.E.; Moler, C.B.: Computer-Verfahren für lineare algebraische Systeme. München: Oldenbourg 1971.

26 Frank, W.W.: Mathematische Grundlagen der Optimierung. Variationsrechnung, dynamische Programmierung, Maximumprinszip. München: Oldenbourg 1969.

27 Funk, P.: Variationsrechnung und ihre Anwendung in Physik und Technik. 2. Aufl. Berlin, Göttingen, Heidelberg: Springer 1962.

28 Gantmacher, F.R.: Matrizenrechnung. Teil I u. II. Berlin: Deutscher Verlag der Wissenschaften, 1958/1959.

29 Grüß, G.: Variationsrechnung. 2. Aufl. Heidelberg: Quelle u. Meyer, 1962.

30 Hadley, G.: Nichtlineare und dynamische Programmierung. Würzburg: Physica-Verlag 1969.

31 Householder, A.S.: Principles of Numerical Analysis. New York: McGraw-Hill 1953.

32 Householder, A.S.: The Theory of Matrices in Numerical Analysis. New York: Blaisdell 1964.

33 Kirchmayer, L.K.: Economic Operation of Power Systems. New York: Wiley 1958.

34 Kirchmayer, L.K.: Economic Control of Interconnected Systems. New York: Wiley 1959.

35 Koettnitz, H.; Pundt, H.: Berechnung elektrischer Energieversorgungsnetze. Bd. I: Mathematische Grundlagen und Netzparameter. Leipzig: Deutscher Verlag für Grundstoffindustrie, 1968.

36 Koschmieder, L.: Variationsrechnung I. 2. Aufl. Berlin: de Gruyter 1962.

37 Kowalik, J.; Osborne, M.R.: Methods for Unconstrained Optimization Problems. New York: American Elsevier 1968.

38 Künzi, H.P.; Krelle, W.: Nichtlineare Programmierung. Berlin, Göttingen, Heidelberg: Springer 1962.

39 Künzi, H.P.; Tschach, H.G.; Zehnder, C.A.: Numerische Methoden der mathematischen Optimierung. Stuttgart: Teubner 1966.

40 Massé, P.: Les réserves et la régulation de l'avenir dans la vie économique Bd. 1 u. 2. Paris. Hermann 1946.

41 Massé, P.: Le choix des investissements. 2. Aufl. Paris: Dunod 1964.

42 Neumann, Kl.: Dynamische Optimierung. Mannheim: Bibliograph. Inst. 1969.

43 Ostrowski, A.: Vorlesungen über Differential- und Integralrechnung. Bd. 1–3. Basel: Birkhäuser 1961–1967.

44 Ostrowski, A.M.: Solutions of Equations and Systems of Equations. New York: Academic Press 1960.

45 Pontrjagin, L.S.; Boltjanskij, V.G.; Gamkrelidze, R.V.; Miščenko, E.F.: Mathematische Theorie optimaler Prozesse. München: Oldenbourg 1964.

46 Ralston, A.; Wilf, H.S.: Mathematische Methoden für Digitalrechner. Bd. I u. II. München: Oldenbourg 1969–1972.

47 Schaller, D.: Berechnung elektrischer Energieversorgungsnetze. Bd. III: Maschinelle Berechnung und Optimierung. Leipzig: Deutscher Verlag für Grundstoffindustrie 1972.

48 Schultheiß, F.; Weßnigk, K.-D.: Berechnung elektrischer Energieversorgungsnetze. Bd. II: Übertragungsberechnung. Leipzig: Deutscher Verlag für Grundstoffindustrie 1971.

49 Smirnow, W.I.: Lehrgang der höheren Mathematik. Teil 1–5. Berlin: Deutscher Verlag der Wissenschaften 1967–1970.

50 Stagg, G.W.; El Abiad, A.H.: Computer Methods in Power Systems Analysis. New York: McGraw-Hill 1968.

51 Steinberg, M.J.; Smith, T.H.: Economic Loading of Power Plants and Electric Systems. New York: Wiley 1943.

52 Suchowitzki, S.I.; Awedejewa, L.I.: Lineare und konvexe Programmierung. München: Oldenbourg 1969.

53 Vajda, St.: Mathematical Programming. Addison-Wesley, Reading, Mass. 1961

54 Wentzel, J.S.: Elemente der dynamischen Programmierung. München: Oldenbourg 1964.
55 Westlake, J.R.: A Handbook of Numerical Matrix Inversion and Solution of Linear Equations. New York: Wiley 1968.
56 Wilde, D.J.; Beightler, Ch.S.: Foundations of Optimization. Prentice Hall, Englewood Cliffs 1967.
57 Zurmühl, R.: Matrizen und ihre technischen Anwendungen. 4. Aufl. Berlin, Göttingen, Heidelberg: Springer 1964.
58 Zurmühl, R.: Praktische Mathematik für Ingenieure und Physiker. 5. Aufl. Heidelberg, Berlin, New York: Springer 1965.

Einzelarbeiten und Zeitschriftenaufsätze

59 AIEE-Committe-Report: Application of Probability Methods to Generating Capacity Problems. Trans. AIEE/III (PAS) 80 (1961) 1165–1182.
60 Bauer, H.: Optimaler Verbundbetrieb. Arch. Elektrotechnik 42 (1955) 13–25.
61 Bauer, H.: Die Ermittlung der Verluste in Drehstromnetzen und das Optimierungsproblem des Lastverteilers. Elektrizitätswirtsch. 55 (1956) 180–183.
62 Bauer, H.: Günstigste Lastverteilung und Verluste in Drehstromnetzen. Elektrizitätswirtsch. 55 (1956) 600–605.
63 Bauer, H.; Edelmann, H.: Der SIELOMAT, ein Hilfsmittel des Lastverteilers für optimalen Kraftwerkseinsatz. Elektrizitätswirtsch. 57 (1958) 173–180, 301–307, 389–392.
64 Bauer, H.; Theilsiefje, K.: Economical Considerations in the Planning and Design of Storage-Stations. Latin American Electric Power Seminar, Mexico City, 31. 7. - 12. 8. 1961.
65 Bauer, H.; Theilsiefje, K.: Zur Planung eines optimalen Speicherkraftwerks für wirtschaftlichen hydrothermischen Verbundbetrieb. Elektrizitätswirtsch. 61 (1962) 292–299.
66 Bauer, H.; Theilsiefje, K.: Das Problem der Netzverlustkosten und das Lastverteilergerät SIELOMAT. Siemens-Z. 38 (1964) 613–618.
67 Bauer, H.; Theilsiefje, K.: Planung optimaler Baufolgen von konventionellen Kraftwerken und Kernkraftwerken. Beitrag zur Lateinamerikanischen Powerkonferenz 1967, Lima, Peru. Atom u. Strom, 2/3, (1969) 32–38.
68 Bernholtz, B.; Shelson, W.; Kneser, O.: A Method of Scheduling Optimum Operation of Ontario Hydros Sir Adam Beck-Niagara Generation Station. Trans. AIEE/III (PAS) 77 (1958) 981–989.
69 Bernholtz, B.; Graham, L.J.: Hydrothermal Economic Scheduling. Part I. Trans AIEE/III (PAS) 79 (1960) 921–932; Part II–IV. Trans AIEE/III (PAS) 80 (1962) 1089–1107.
70 Blanchon, G.; Dauphin, G.; Feingold, D.; Spohn, D.: Le probleme du „dispatching économique“ méthode mathématique et resultat. Power Systems Computation Conference, Rom, Juni 1969.
71 Brownlee, W.R.: Co-ordinating of Incremental Fuel Costs and Incremental Transmission Losses by Functions of Voltage Phase Angles. Trans. AIEE/III (PAS) 73 (1954) 529–541.
72 Cahn, C.R.: The Determination of Incremental and Total Loss Formulas from Functions of Voltage Phase Angles. Trans. AIEE/III (PAS) 74 (1955) 161–176.
73 Calvet, D.; Canal, M.; Jahn, M.: Utilisation des coûts marginaux dans un probleme d'in vistessement. Production réactive optimale sur le réseau français. E.d.F. Bull. de la Direction des Etudes et Recherches, Série B, 3 (1968) 23–43.
74 Carey, J.J.: Short-Range Load Allocational Hydrothermal Electric System. Trans. AIEE/III (PAS) 73 (1954) 1105–1112.
75 Carpentier, J.: Nouvelle méthode de calcul du dispatching économique d'un réseau de transport d'energie. IFIP-Congress, München, (1962).

76 Carpentier, J.: Contribution à l'étude du dispatching économique. Bull.Soc. Franç. Electr. 3 (1962) Sér. 8, 32, 431–447.
77 Carpentier, J.; Siroux, J.: L'optimisation de la production à l'Electricité de France. Nouvelle méthode de calcul et implantation d'un calculateur numérique au dispatching central. Bull. Soc. Franç. Electr. 4 (1963) Sér. 8 39, 121–127.
78 Chandler, W.G.; Dandeno, P.L., Glimn, A.F.; Kirchmayer, L.K.: Short-Range Economic Operation of a Combined Thermal and Hydroelectric Power System. Trans. AIEE/III (PAS) 72 (1953) 1057–1065.
79 Cypser, R.J.: Computer Search for Economical Operation of a Hydrothermal Electric System. Trans. AIEE/III (PAS) 73 (1954) 1260–1267.
80 Dauphin, G.; Feingold, D., Spohn, D.: Méthode d'optimisation de la production des groupes d'un réseau électrique. E.d.F.Bull. de la Direction des Etudes et Recherches. 1 (1966) 43–55.
81 Dommel, H.W.; Tinney, W.F.: Optimal Power Flow Solutions. IEEE Winter Power Meeting, New York, (1968).
82 Early, E.D.; Smith, G.L.; Watson, R.E.: A General Transmission Loss Equation. Trans. AIEE/III (PAS) 79 (1955) 510–520.
83 Early, E.D.; Watson, R.E.: A Method of Determinating Constants for the General Transmission Loss Equation. Trans. AIEE/III (PAS) 75 (1956) 1417–1423.
84 Edelmann, H.: Verlustformel für ein Verbundnetz und Ausmessung der Verlustkoeffizienten. ETZ-A 79 (1958) 561–567.
85 Edelmann, H.: Ein Analoggerät zur Ermittlung und Steuerung eines Verbundbetriebs geringster Erzeugungskosten für die zu liefernde elektrische Energie, welches das zugehörige Modellnetz enthält. VDE-Fachberichte 20. VDE-Verlag, Berlin (1958).
86 Edelmann, H.: Digitale Berechnung von Lastverteilerkurven für optimalen Verbundbetrieb auf der Siemens-Datenverarbeitungsanlage 2002. Elektron. Rechenanlagen 3 (1961) 13–20.
87 Edelmannn, H.: Existenz und Eindeutigkeit der Lösungen der Minimalaufgabe „Wirtschaftlichster Verbundbetrieb". Teil I: Der reine thermische Verbundbetrieb, Teil II: Der hydrothermische Verbundbetrieb. Arch. Elektrotechnik 47 (1962) 161–183.
87a Edelmann, H.: Maßnahmen zur Reduktion des Rechenaufwandes bei der Berechnung großer elektrischer Netze. Elektron. Rechenanlagen 10 (1968) 118–123.
88 Eitz, A.W.; Theilsiefje, K.: Große Kraftwerksblöcke und die Argumente gegen ihren Einsatz. Atomwirtschaft-Z. 8/9 (1968) 410–415.
89 Frewer, H.: Strukturwandel in der Elektrizitätswirtschaft durch den Einsatz von Kernkraftwerken. Siemens-Z. 40 (1966) 147–160.
90 Fukao, T.; Yamazaki, T.; Kimura, S.: An Application of Dynamic Programming to the Problem of Economic Operation of a Power System. Electronical J. Japan 5 (1959) 64–68.
91 George, E.E.: Intrasystem Transmission Losses. Trans. AIEE 62 (1943) 153–158.
92 George, E.E.: A New Method of Making Transmission Loss Formulas Directly from Digital Power Flow Studies. Trans. AIEE/III (PAS) 78 (1960) 1567–1573.
93 Glimn, A.F.; Kirchmayer, L.K.; Stagg, G.W.: Analysis of Losses in Interconnected Systems. Trans. AIEE/III (PAS) 71 (1952) 796–808.
94 Glimn, A.F.; Habermann, R.; Kirchmayer, L.K.; Stagg, G.W.: Loss Formulas Made Easy. Trans. AIEE/III (PAS) 72 (1953) 730–737.
95 Glimn A.F.; Kirchmayer, L.K.; Stagg, G.W.: Analysis of Losses in Loop-Interconnected Systems. Trans. AIEE/III (PAS) 72 (1953) 944–953.
96 Glimn, A.F.; Kirchmayer, L.K.; Habermann, R.; Thomas, R.W.: Automatic Digital Computer Applied to Generating Scheduling. Trans. AIEE/III (PAS) 73 (1954) 1267–1275.
97 Glimn, A.F.; Kirchmayer L.K.: Economic Operation of Variablehead Hydroelectric Plants. Trans. AIEE/III (PAS) 77 (1958) 1070–1079.
98 Harder, E.L.: Use of Loss Formulas in Economic Dispatching. Electric Light and

Power (1954) 138–141.
99 Harker, D.C., Jacobs, W.E., Ferguson, R.W., Harder, E.L.: Loss Evaluation. Teil I: Loss Associated with Sale Power-In-Phase Method. Trans. AIEE/III 73 (1954) 709–716. Teil II: Current- and Power-Form Loss Formulas Trans. AIEE/III (PAS) 73 (1954) 716–731.
100 Harker, D.C.: A Primer on Loss Formulas. Trans. AIEE/III (PAS) 77 (1959) 1434–1436.
101 Henney, K.A.: Große Kraftwerkblöcke im Stromverbund. Elektrizitäts-wirtschaft 66 (1967) 173–177.
102 Hofmann, W.; Theilsiefje, K.; Wagner, H.: Planning for Optimum Extension of a Power-Supply-System. 8. Weltenergiekonferenz, Bukarest, Paper 4.2–105 (1971). Planung des optimalen Ausbaus eines Energieversorgungssystems. Brennstoff-Wärme-Kraft 23 (1971) 296–300.
103 Hornstein, W.M.: Zur Berechnung der Brennstoffersparnis im Wärmekraftwerk als Folge des Baues oder der Erweiterung von Wasserkraftwerken. Arch. Energie-Wirtsch. 3, (1961) 109–117 und 4, (1961) 140–148.
104 IEEE Committee: Present Practices in the Economic Operation of Power Systems. IEEE Trans. PAS 90 (1971) 1768–1774.
105 Jansen, B.; Haager, K.H.: Die Wirtschaftlichkeit der Zusammenarbeit eines Pumpspeicherwerkes in Verbrauchernähe mit einem Dampfkraftwerk in Brennstoffnähe. Elektrizitätswirtsch. 53 (1954) 646–652.
106 Johnson, D.L.: Digital Computer Solution to Determine Economical use of Hydro Storage. Trans. AIEE/III (PAS) 75 (1956) 1153–1156.
107 Kirchmayer, L.K.; Stagg G.W.: Analysis of Total and Incremental Losses in Transmission Systems. Trans. AIEE/II 70 (1951) 1197–1204.
108 Kirchmayer, L.K.: Evaluation of Methods of Coordinating the Incremental Fuel Costs Incremental Transmission Losses. Trans. AIEE/III (PAS) 71 (1952) 513 521.
109 Kirchmayer, L.K.; Ringlee, R.J.: Optimal Control of Thermalhydro-System Operation. IFAC-Congress, Conference Paper 420, Basel 27. 8. – 4. 9. (1963)
110 Kron, G.: Tensorial Analysis of Integrated Transmission Systems. Teil I: Trans. AIEE/II 70 (1951) 1239–1248; Teil II: Trans. AIEE/III (PAS) 72 (1952 505–512; Teil III: Trans AIEE/III (PAS) 71 (1952) 814–821; Teil IV: Trans AIEE/III (PAS) 72 (1953) 827–839.
111 Niehage. G.; Becker, G.; Bauer, H.; Theilsiefje, K.; Wagner, H.: Planungsrechnung zur Optimierung von Größe, Art und Zeitpunkt des Baues neuer Kraftwerkseinheiten. CIGRE-Bericht Nr. 32–03.
112 Niesel, K.; Theilsiefje, K.: Ein neuer SIELOMAT für wirtschaftlich-optimale Lastverteilung. Siemens-Z. 38 (1964) 876–883.
113 Pelissier, R.J.; Carteron, J.; Carpentier, J.: La simulation de la gestion d'un ensemble de centrales hydrauliques et thermiques. Revue générale de l'Electricité. 71 (1962) 215 224.
114 Peschon, J.; Piercy, D.S.; Tinney, W.F.; Tveit, O.J.; Cuénod, M.: Optimum Control of Reactive Power Flow. IEEE Trans. PAS 87 (1968) 40–48.
115 Peschon, J.; Piercy, D.S.; Tinney, W.F.; Tveit, D.J.: Sensitivity in Power Systems. IEEE Trans PAS 87 (1968) 1687–1696.
116 Richard, J.: La détermination de programme optimum de production d'usines génératrices hydrauliques et thermiques interconnnectées. Revue générale de l'Electricité 48 (1940) 167–182.
117 Ringlee, R.J.; Williams, D.D.: Economic System Operation Considering Value Throttling Losses. II. Distribution of System Loads by the Method of Dynamic Programming. Trans. AIEE/III (PAS) 81 (1963) 615–622.
118 Schenkel, G.: Die Ausfalldauerlinie – ein Beitrag zur Frage der Verfügbarkeit von Dampfkraftwerken. Elektrizitätswirtsch. 65 (1966) 744–750.
119 Shen, C.M.; Laughton, M.A.: Determination of Optimum Power-System Operating Conditions under Constraints. Proc. IEE. 116 N. 2, (1969) 225–239.

120 Squires, R.B.: Economic Dispatch of Generation Directyl from Power System Voltages and Admittances. Trans. AIEE/III (PAS) 79 (1961) 1235–1245.
121 Stühlen, H.: Die Bedeutung der Momentanreserve für den Betrieb von modernen Versorgungsnetzen und die Möglichkeiten zu ihrer Bereitstellung. Elektrizitätswirtsch. 66 (1967) 130–135.
122 Szendy, Ch.: Simple and Generalized Method for Developing the Incremental Transmission Losses. Acta techn. Acad. Sci. Hungaricae 34 (1961) 421–435.
123 Theilsiefje, K.: Berechnung der Zuwachskosten von Dampfkraftwerken und Einfluß ihrer Unstetigkeiten auf die optimale Lastverteilung. Elektrizitätswirtsch. 57 (1958) 694–700.
124 Theilsiefje, K.: Was kosten Netzverluste? Elektrizitätswirtsch. 59 (1960) 179-184.
125 Theilsiefje, K.: Automatischer und wirtschaftlich-optimaler Verbundbetrieb mit Speicherkraftwerken. Dissertation TU-Berlin, (1960).
126 Theilsiefje, K.: Über hinreichende Bedingungen für ein Minimum der Brennstoffkosten im optimalen Verbundbetrieb. ETZ-A 82 (1961) 175–179.
127 Theilsiefje, K.: Ein Beitrag zur Theorie der wirtschaftlichen Ausnutzung großer Speicherseen zur Energieerzeugung. ETZ-A 82 (1961) 538–545.
128 Theilsiefje, K.: Energieplanung. Beitrag zur VDE-Fachtagung: Einsatz von Rechenanlagen bei Planung und Betrieb von elektrischen Netzen. München, 24./25.3.1966.
129 Theilsiefje, K.: Theorie einer wirtschaftlich-optimalen Übergabeleistungsregelung. Beitrag zum internationalen Seminar L'Automatisation dans la Produktion et la Distribution de l'Energie Electrique. Brüssel, 18.–22. 4.1966.
130 Theilsiefje, K.: Optimale Lastverteilung und Netzsicherheit. Beitrag zum EDV-Symposium, Darmstadt, 12. 3. 1969.
131 Theilsiefje, K.; Wagner, H.: Computation of the Most Economic Operation of Pump-Storage-Stations by Dynamic Programming. Conference on Analytical Methods for Power System Design and Operation for Use with Digital Computers, London, 16.–20. 9. 1963. Berechnung des wirtschaftlich-optimalen Einsatzes von Speicher- und Pumpspeicherwerken mit Hilfe der dynamischen Programmierung. ETZ-A 85 (1964) 273–281.
132 Theilsiefje, K., Wagner, H.: Differential- und Incremental Dynamic Programming Rechenverfahren für wirtschaftlich-optimale Lastverteilung. ETZ-A 85 (1964) 681–687.
133 Theilsiefje, K.; Wagner, H.: Dynamic Programming Rechenverfahren für hydrothermische Lastverteilung. ETZ-A 86 (1965) 116–121.
134 Theilsiefje, K., Wagner, H.: Power Casting. Beitrag zur zweiten Power Systems Computation Conference. Stockholm, 27. 6.–1. 7. 1966. Energieplanung – Planungsmethoden für den optimalen Kraftwerksausbau. ETZ-A, 87 (1966) 109–115.
135 Theilsiefje, K.; Wagner, H.: Digitale Berechnungsmethoden für optimale Reservehaltung im Verbundbetrieb. Beitrag zum Symposium on Analysis and Syntheses of Electrical Networks. Bukarest, 10. 1967. ETZ-A 89 (1968 397–402.
136 Wagner, H.: Planung optimaler Kraftwerksbaufolgen. EDV-Symposium, Darmstadt 12. 3. 1969.
137 Ward, I.B.; Eaton, I.R.; Hale, H.W.: Total and Incremental Losses in Power Transmission Networks. Trans. AIEE/I 69 (1950) 626–632.
138 Ward, J.B.: Economy Loading Simplified. Trans. AIEE/III (PAS) 72 (1953) 1306–1316.
139 Watchorn, C.W.: Co-Ordination of Hydro and Steam Generation. Trans. AIEE/III (PAS) 74 (1955) 142–150.
140 Watson, R.W.; Stadlin, W.O.: The Calculation of Incremental Transmission Losses and the General Transmission Loss Equation. Trans. AIEE/III (PAS) 78 (1959) 12–18.
141 Wöhr, F.: Die wirtschaftliche Optimierung großer Energiespeicher. Elektrizitätswirtsch. 59 (1960) 32–35.

Namen- und Sachverzeichnis